计算物理学基础

董庆瑞　编著

科学出版社

北　京

内 容 简 介

本书以 MATLAB 为编程工具，通过简单的操作实例循序渐进地讲解数值算法的基础知识；选取大学物理的典型例题，来进行物理建模、数值算法设计、编程、物理结果的可视化与分析等综合训练。书中数值计算方法主要包括误差分析、数值微分与积分、非线性方程 (组) 的解法、实验数据的曲线拟合、常微分方程的解法等；物理案例包括双缝干涉、牛顿环、水波干涉、一维势阱运动的半经典量子化、带电圆环的电势分布、半导体热敏电阻温度曲线的拟合、带电粒子在磁场中的运动、受空气阻尼的抛体运动、行星绕太阳的运动、空间电荷的静电势分布、弦振动问题和一维薛定谔方程的定态解等。书中所有的数值方法都给出了 MATLAB 程序，有大量翔实的应用实例可供参考，有相当数量的习题可供练习。本书的特色是尽量绕开对复杂数值算法的讲解，并尽量避免涉及复杂的物理理论，以便达到让初学者快速入门的目的。

本书可作为高等学校物理及其他相关专业的本科生教材或自学用书。

图书在版编目(CIP)数据

计算物理学基础/董庆瑞编著. —北京：科学出版社，2022.7
ISBN 978-7-03-072588-2

Ⅰ.①计… Ⅱ.①董… Ⅲ.①物理学-数值计算-计算方法-高等学校-教材 Ⅳ. ①O411

中国版本图书馆 CIP 数据核字(2022)第 105096 号

责任编辑：窦京涛 范培培／责任校对：杨聪敏
责任印制：赵 博／封面设计：蓝正设计

科学出版社出版
北京东黄城根北街 16 号
邮政编码：100717
http://www.sciencep.com

北京市金木堂数码科技有限公司印刷
科学出版社发行 各地新华书店经销
*
2022 年 7 月第 一 版 开本: 720 × 1000 1/16
2025 年 1 月第五次印刷 印张: 10 1/4
字数：207 000

定价: 39.00 元

前　言

计算物理学是计算机科学、数学和物理学三者交叉的学科，以复杂物理问题的求解能力，成为物理学的主要研究支柱之一。2004 年，教育部高等学校物理学与天文学教学指导委员会建议开设本科生必修基础课“计算物理基础”；2010 年，教育部正式将“计算物理基础”课程列为物理学专业本科必修课。目前，我国大学本科物理专业已经普遍开设了“计算物理学”课程。“计算物理基础”是讲授用基础的数值计算方法求解典型物理问题的一门物理学本科专业课程，该课程有选择地介绍常见的数值算法与编程技巧，结合典型物理问题，致力于培养学生在面对实际物理问题时具有物理建模、算法设计、程序编写和结果分析等各方面的综合能力。

山东师范大学物理与电子科学学院在 2013 年为应用物理学专业本科生开设了“计算物理基础”课程。为了适应教学实际的需要，我们在参考彭芳麟的《计算物理基础》(2010 年高等教育出版社出版)、刘金远的《计算物理学》(2012 年科学出版社出版) 和国内其他教科书的基础上，编写了《计算物理学基础》讲义供教学使用。多年来，在总结教学实践经验的基础上，结合科学研究的心得，编者对《计算物理学基础》讲义不断修订改进，以期更加符合大学本科阶段 (尤其是低年级阶段) 的教学实际情况。在山东师范大学教材立项建设 (2020 年) 的支持下，编者将使用多年的《计算物理学基础》讲义整理成本书。

计算物理基础的教学有几种不同的方法，有的是按数值计算方法顺序讲述的，也有的是按物理问题顺序讲述的。编者认为计算物理学的入门是一个循序渐进的过程，一开始就系统地学习数值计算方法，或者全面地分析各种物理问题，其效果往往事倍功半。如果初学者能具体地体验计算物理处理若干简单问题的一般步骤，然后在实际应用中逐渐丰富处理具体物理问题的经验，并且不断充实各种数值计算方法和编程技巧，那样将大大地降低入门学习的难度，从这一思路出发，本书的编写宗旨定位在：让学生体验用数值计算方法处理物理问题的一般步骤。循序渐进地培养学生在面对实际物理问题时具有物理建模、算法设计、程序编写和结果分析等各方面的综合能力。基于以上宗旨，本书选取典型且简单的物理问题来讲解具体的求解过程，不追求涵盖计算物理学的各方面内容，而且本书在择取的讲授内容上，也避免涉及过深的数学理论和过于繁杂的算法。本书的内容包括：MATLAB 基础知识、物理计算的误差分析、物理结果的可视化、数值微分与数值积分、非线性方程 (组) 的数值求解、实验数据的曲线拟合和常微分方程的数值求解等。本书采用的典型物理问题涉及力学、热学、电磁学、光学、原子物理和量子力学等理论知识。计算物理学离不开计算机编程语言，本书重视数值计算方法与计算软件 MATLAB 相结合，这有助于读者利用 MATLAB 的易用性更有效地来简化数值求解的过程，避免那种学过物理计算方法但不能上机解决实际问题的现象发生。

与传统的物理学专业课程相比较，计算物理基础是一门实践性和操作性很强的课程，建议学习者重视以下三点：一、保证充足的上机练习时间；二、养成严谨的治学态度；三、保持积极沟通的心态。否则，学习者容易陷入“一看就会、一做就错”的困境。

计算物理学涉及的物理学领域和数值计算方法十分广泛，并且计算物理学也处在不断发展的过程中，编者的知识面和相关教学经验有限，本书在教学内容的选择、知识结构的编排和细节叙述的方式上可能存在诸多不足，敬请各位读者谅解与指正。

董庆瑞
jisuanwuli@qq.com
2021 年 6 月

目　录

第 1 章　绪　　论

在过去的半个世纪里，随着半导体集成电路技术的发展，电子计算机的性能也不断增强。在数值计算方法的辅助下，计算机的应用渗透到物理科学和工程计算的各个方面，从而诞生了一门新兴的交叉学科，这就是计算物理学。计算物理学是物理学、数学和计算机科学三个学科相互交叉的研究领域。计算物理学就是以计算机的性能为基础，利用数值计算方法解决复杂物理问题的一门应用科学。在历史上，实验物理和理论物理曾是物理学的两个主要研究手段。目前，随着计算机性能的突飞猛进，计算物理学已经成为复杂物理体系性质研究的一个重要手段，对物理学的发展起着越来越大的推动作用。

1.1　计算物理学的起源与发展

1. 计算物理学的诞生

19 世纪中叶以前，物理学还基本上是一门基于实验的科学，也就是通过实验直接观察物理现象，并通过实验现象来总结宇宙中隐藏的物理规律。1862 年，麦克斯韦 (Maxwell) 将电磁规律总结为麦克斯韦方程组，进而在理论上预言了电磁波的存在，这使人们看到了物理理论思维的巨大威力，从此，理论物理开始成为一门相对独立的物理学分支。理论物理要做的就是把自然规律用数学模型 (可以理解为公式) 的形式展示出来，推导和总结出基本物理理论，并从基本物理理论出发，解释已有的物理现象或者预言可能发生的现象。到了 20 世纪初，物理学理论经历了两次重大突破，相继诞生了量子力学和相对论，理论物理开始成为一门成熟的学科。传统意义上的物理学便具有了理论物理和实验物理两大支柱，物理学便成为理论物理和实验物理密切结合的学科。正是这种“理论和实践相结合”的探索方式，大大促进了物理学的发展，并引发了 20 世纪科学技术的重大革命。这个革命对人类的社会生活产生了重大影响，其中一个重要方面就是电子计算机的发明和应用。

计算物理，作为物理学发展的另一个重要支柱，诞生于 20 世纪 40 年代。第二次世界大战期间，人类在研究和制造原子核武器的过程中，就采用过计算物理学的方法。当时的情况是：一方面由于原子核材料 U^{235} 的数量有限，不能满足多次试验的需要；另一方面描述与核试验相关物理过程的方程组相当复杂，以至于用传统的数学物理方法不能进行求解。于是，当时科学家们不得不动用了数字计算机，这可算作是计算物理学的开端。在此后将近半个世纪的时间里，计算机技术的迅速发展又为计算物理学的成熟打下了坚实的基础，大大增强了人们从事科学研究的能力，促进了各个学科之间的交叉渗透，使计算物理学得以蓬勃发展。

在物理学中，解决物理问题的关键是：用基本的物理理论将研究对象抽象成各种物理模型。此外，还必须对各种物理模型 (往往是一些数学方程) 所对应的体系的行为给出精确的描述。不幸的是，很多问题无法得到解析解，或求解析解的过程过于复杂，如：经典力学中的多体问题；量子力学中，除少数极端近似外的几乎所有问题。此时，必须使用数值计算的方法来求解这类问题。计算物理学就是这样一门研究数值计算的学科，它使用可行的数值计算方法 (算法) 与有限的计算步数，利用计算机操作、演算，得到相应的近似解。如果要给计算物理学下一个定义，**计算物理学** (computational physics) **就是研究如何使用数值方法分析可以量化的物理学问题的学科**。计算物理学的发展，大大缓解了人们在研究和应用复杂物理体系时的限制。同时，也应该认识到，虽然使用了计算物理的研究方法，物理问题也时常难以求解。这通常由如下几个 (数学) 原因造成：物理研究对象复杂度过高、缺少相应算法以及无法对数值解进行相应分析。

2. *计算物理学与实验物理学、理论物理学的关系*

计算物理学与实验物理学、理论物理学保持着相对的独立性。实验物理学是以实验和观测为基本手段来揭示新的物理规律、检验理论物理推论的正确性及应用范围，为理论物理学研究的进一步深入奠定基础。理论物理学是从一系列的基本物理原理出发，列出数学方程，再用传统的数学分析方法求出解析解。通过这些解析解所得到的结论与实验观测结果进行对比分析，从而解释已知的实验现象并预测未来的发展。计算物理学则是计算机科学、数学和物理学三者间新兴的交叉学科，其主要研究内容是如何以高速计算机作为工具，解决物理学中的计算问题。计算物理学以解决复杂物理问题的求解能力，成为物理学的第三研究支柱，在物理学研究中占有重要的位置。

计算物理学与理论物理学、实验物理学有着密切的联系。一方面，计算物理学所依据的理论原理和数学方程是由理论物理学提供的，其结论还需要理论物理学来分析检验；另一方面，计算物理学所依赖的计算参数是由实验物理学提供的，其结果也要由实验来检验。对理论物理学而言，计算物理学可以为理论物理学研究提供数据支持，为理论计算提供数值和解析运算的方法和手段；对实验物理学而言，计算物理学可以帮助解决实验数据的分析以及模拟实验过程等问题。总之，计算物理学是与理论物理学、实验物理学互相联系、互相依赖、相辅相成的，它为理论物理学研究开辟了一个新的途径，也对实验物理学研究的发展起了巨大的推动作用。

3. 计算物理学与计算机技术、数值计算方法的关系

计算物理学是物理学与计算机技术及数值计算方法交叉融合的结果。首先，计算物理学以解决物理问题为唯一目的。计算物理学与数值分析不同，它以物理问题为出发点，以揭示物理系统发展规律和变化结果为目标。在用计算物理学处理问题时，只要保持系统的基本物理本质和物理条件不变，就可以利用物理学研究方法直接建立更加简便实用的数值计算方法，而不必拘泥于严格数值分析理论的限制。其次，计算机技术和数值计算方法的发展，推动了计算物理学的不断进步。计算机存储能力的快速提升和运算速度的持续提高，使物理大系统复杂过程的数值处理成为可能，新的数值计算理论的不断涌现，进一步改善了数值计算的效率和精度，保证了计算物理学研究能力的稳步提升。最后，计算物理学的进步也为计算机科学与技术的发展构建了坚实的基础。计算物理学的进展及由此带来的新技术与新材料为计算机科学与技术的突飞猛进提供了理论与物质支撑，计算物理学研究对数值计算方法和仿真技术的迫切需求也促进了计算机科学与技术的进步。

1.2　计算机编程语言和软件

1. 常用编程语言和软件简介

计算物理学是以计算机为工具，通过编程语言或特定软件来解决物理问题。计算物理学最常用的计算机编程语言是 FORTRAN，这些年来 MATLAB 软件和 C 语言使用得也越来越广泛。另外，物理问题的计算结果往往需要进行数据绘图和数据分析，需要用到以 Origin 为代表的绘图软件。下面简单介绍一下 FORTRAN 语言、Origin 软件和 MATLAB 软件。

1) FORTRAN 语言

FORTRAN 语言是世界上广泛流行的、最适于数值计算的一种计算机语言，是世界上最早出现的高级程序设计语言。从 1954 年第一个 FORTRAN 版本问世至今，已有 60 多年的历史，但它并不因为古老而显得过时，随着时间的推移它也在不断发展，也在不断借鉴其他新兴计算机语言的优点。另外，这么多年来，在各个领域，特别是在科学工程计算领域，积累了大量成熟可靠的 FORTRAN 语言代码，由于许多研究工作的继承性，在未来相当长的一段时间里，使用 FORTRAN 语言进行复杂科学工程计算与分析的程序设计和软件开发，仍然有着其独特的优势。现在许多过程模拟计算、有限元分析、分子模拟等大型软件程序，都以 FORTRAN 语言编写的程序作为软件的核心程序。另外，FORTRAN 语言有 IMSL 数学和统计库可供直接调用，为开发和优化大型复杂计算程序提供了便利手段。

2) Origin 软件

FORTRAN 语言或 C 语言的数据绘图和数据分析的功能有限，在这些语言平台上编写和运行程序后，往往需要将其数据结果导出，通过专业数据绘图软件对计算结果进行可视化。Origin 最初是一个专门为微型热量计设计的软件工具，主要用来将仪器采集到的数据作图，进行线性拟合以及各种参数计算，后来，Origin 发展成为一款优秀的数据绘图与数据分析软件。Origin 具有简单易学、操作灵活和功能强大的特点，既可以满足一般用户的数据绘图需要，也可以满足高级用户数据分析、函数拟合的需要，是科研人员和工程师常用的高级数据分析和数据绘图工具。

Origin 具有两大主要功能：数据分析和数据绘图。Origin 的数据分析主要包括统计、曲线拟合、图像处理、峰值分析和信号处理等各种完善的数学分析功能。准备好数据后，进行数据分析时，只需选择所要分析的数据，然后再选择相应的菜单命令即可。Origin 的绘图是基于模板的，Origin 本身提供了几十种二维和三维绘图模板。绘图时，只要选择所需要的模板就行。用户也可以自定义数学函数、图形样式和绘图模板。Origin 支持导入多种格式的数据，同时，可以把图形输出到多种格式的图像文件，譬如 JPEG、GIF、EPS、TIFF 等。Origin 里面也具有一些编程功能，以方便进行功能拓展和执行批处理任务。

3) MATLAB 语言

20 世纪 70 年代末，新墨西哥大学莫勒尔教授为了让学生更方便地使用 LINPACK 及 EISPACK (需要通过 FORTRAN 编程来实现，但当时学生们并无相关知识)，独立编写了第一个版本的 MATLAB。这个版本的 MATLAB 只能进行简单的矩阵运算，例如矩阵转置、计算行列式和本征值。1984 年，莫勒尔等合作成立了 MathWorks 公司，正式把 MATLAB 推向市场，目前 MATLAB 每年都有最新版本推出。

起源于矩阵运算的 MATLAB 语言是当今国际上科学界最具影响力和最有活力的软件，已经发展成一种高度集成的计算机语言开发平台。MATLAB 语言提供了强大的科学计算能力、灵活的程序设计流程、高质量的图形可视化功能与界面设计功能，也提供了便捷的与其他语言的接口。目前，MATLAB 语言在各国高校与研究单位的科研工作中发挥着重要作用。

2. 编程语言的选择

在进行物理计算时，我们必须选择编程语言，应该注意以下几点：① 各种编程语言各有特点，没有绝对的优劣之分，各种语言都可以描述解决物理问题所需的数值计算方法；② 熟悉各种编程语言需要花费大量时间，在了解各种编程语言的基础上，应该有选择地精通一门语言；③ 随着时代的发展，计算机语言也在不断地进化过程中，相信会出现效率更高的编程语言。

由于 MATLAB 语言具有语句简单、矩阵运算能力强大以及作图能力突出等优势，本书将其作为计算物理学习的工具软件。计算物理学和计算机编程语言之间高度融合，以至于很多时候会产生这样的疑惑：我们是在学习计算物理学还是在学习计算机编程语言？这种时候我们应该清楚：无论是学习计算物理学，还是学习计算机编程语言，目的都是更有效地运用计算机处理物理问题。

第 2 章 MATLAB 编程基础

MATLAB 是 Matrix Laboratory (矩阵工作室) 的缩写，是一个功能强大、界面友好的优秀数值计算软件。MATLAB 易学好用，允许初学者花费较少的时间就能编写出高质量的程序。为了将更多时间与精力用于物理问题的研究，本书采用 MATLAB 作为处理物理问题的编程语言。

为了方便没有学过 MATLAB 的读者使用，本章先介绍一些在本书中用到的 MATLAB 基本知识。用 MATLAB 解决物理问题，必须熟悉 MATLAB 的操作界面、数据格式和编程方法，本章将简要介绍这三个内容。每年 MATLAB 都会推出新的版本，本书采用的是 MATLAB R2014b。

在学习过程中，应该注意以下几点：

(1) 对于 MATLAB 的基础知识和常用数值计算方法，要边学边用，用就是学，不能学完再用。

(2) 在处理具体物理问题时，一些 MATLAB 指令的具体用法尚未了解，这时应该边用边学，为用而学，养成自学的习惯，这也是本书着重培养的能力之一。

(3) 解决物理问题时，有时是根据数学算法进行详细的编程，有时直接运用 MATLAB 指令。前者注重基本算法的学习和基础编程的训练；后者注重体验运用现有程序处理问题，随着专业程序的丰富和软件的发展，这也是计算物理发展的趋势。

(4) 尽管本书致力于“体验性”学习，但前提条件是熟悉最基本的指令。

2.1 MATLAB 的操作界面

2.1.1 操作界面介绍

安装 MATLAB 以后，在 Windows 的桌面会出现 MATLAB 的图标，双击 MATLAB 的图标将看到如图 2.1 所示的 MATLAB 的操作界面。在操作界面上有四个窗口，分述如下：

命令行窗口 (Command Window)：	是进行简单计算、运行指令与程序的基本工作环境；
当前文件夹 (Current Folder)：	其功能相当于目录管理器；
编辑器 (Editor)：	用于编写和调试程序；

工作区 (Workspace):　　　　　　　显示当前在内存中存储的变量。

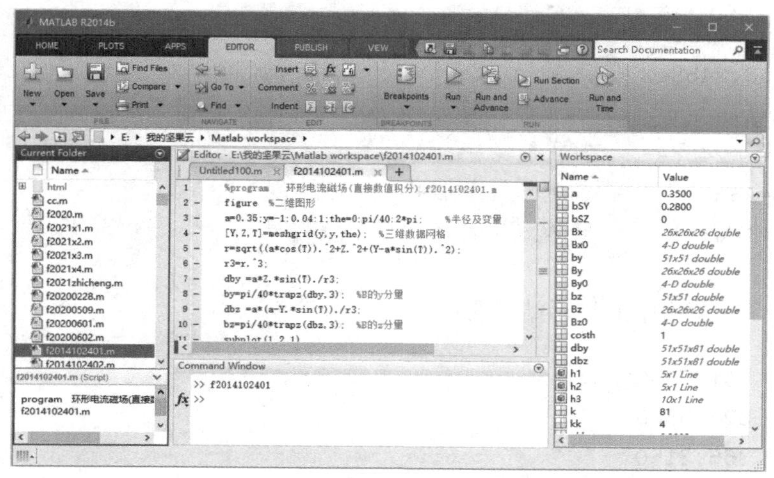

图 2.1　MATLAB 的操作界面

这个界面上的其他一些图标与微软办公软件 Word 的图标的用法相似，这里不再细述。

命令行窗口可以进行简单的运算，>> 是 MATLAB 的运算提示符，只有在这个符号后面才能从键盘输入运算式，输入完成以后必须按回车键才能得到结果。初学者往往习惯将编写的程序输入到命令行窗口，但命令行窗口没有保存功能，也没有编辑修改功能，所以会对调试程序造成麻烦。MATLAB 发展初期，命令行窗口是运行指令与程序的基本工作环境。现在，命令行窗口的功能主要是显示计算结果，或者提示程序运行信息。进行程序的编辑和调试时，主要的工作区域是编辑器窗口，详情请参考本章的相关内容。

2.1.2　编辑器窗口和数学运算

编辑器窗口用以编辑程序和调试程序。下面试举几例来说明如何在编辑器窗口进行简单的数学运算。首先，编写一个简单而又实用的程序 test1.m，步骤如下。

(1) 用工具栏的图标或菜单打开编辑器。

(2) 在编辑器窗口输入以下内容:

```
A=41.735                %对 A 赋值
```

(3) 用文件名 test1.m 存盘。

(4) 在命令行窗口中运行 test1.m，显示结果为:

```
A = 41.7350
```

再编写一个简单的程序 test2.m:

```
1  A=41.735        %对 A 赋值
2  a=3.2458e2      %对 a 赋值
3  B=A+a           %加法计算 A+a
4  a=3.2458e-2     %重新给 a 赋值
5  B=A+a           %重新计算 A+a
6  S='Wuli'        %输入字符串时要加单引号
```

在命令行窗口中的显示结果为:

```
A =   41.7350
a =  324.5800
B =  366.3150
a =    0.0325
B =   41.7675
S =  Wuli
```

上例表明，在数值计算中，如果计算 A+a，则要先给 A 和 a 赋值，赋值的方法是用等号。注意 MATLAB 的变量名是区分大小写的，所以 A 和 a 是不同的变量。如果对 a 重复赋值，则最后一次赋值才是 a 的实际值。如果将字符串赋予变量，以后可以用该变量名调用这个字符串，如上面对字符串 Wuli 的操作就是如此，以后调用 S 就能调出字符串 Wuli。

将计算结果显现在命令行窗口中要占用一定的时间，会影响计算速度。有些复杂运算过程的中间结果，是不需要显示的，而在算式后加上分号以后，计算结果就不会显现在命令行窗口中，这样在有大量计算的程序中，可以节省大量的用来显示中间计算结果的时间，从而提高程序运行的速度。初学者往往由于不注意使用语句后面的分号，造成程序运行缓慢，而且难以从过多的显示内容中找到想要的信息。

数据可以用常规的十进制小数表示法，如 A 的赋值；也可以用科学计数法表示，即用 e 或 E 加正负数表示 10 的幂次，如 $1\text{e}2 = 10^2$，$1\text{e}{-2} = 10^{-2}$，上面例子中对 a 的两次赋值分别使用了正负幂次。

变量名必须用字母打头，后面可以跟字母、数字和下划线。要查看一个变量的内容，只需键入其名称，如输入 A，B，a 等。需要注意的是，不可以用数字作变量名的开头，比如变量名 1a，2b 是无效的，但 a1，b2 是合法的；也不可以用中文字符作为变量名，比如用“速度”“位移”等字符作变量名是不合法的，但可以用它们的拼音作变量名以便记忆。变量名中也不可以包括空格、运算符号与标点等。

除了变量名，文件名 (程序名) 以及后面学到的函数名也不允许用数字开头，初学者常常忽略这个问题。

所有输入过的变量名都会自动被 MATLAB 保存在工作区内存中，可以在工作区内存窗口中查看，这一功能为调试程序提供了强大的支持。如果变量是一个矩阵，则单击工作区窗口中的变量名，看到的数据会以表格形式出现。清除某个变量的语句格式为指令 clear + 变量名，清除所有变量用指令 clear all。

清除命令行窗口所有显示内容的指令是 clc，建议每次运行程序时，首先运行该指令，可以避免被无用信息干扰。

MATLAB 的数学运算符有：

运算符	+	−	*	/	sqrt	∧	()
含义	加	减	乘	除	开方根	幂	括号

例 2.1 计算 $9 \times (1-7\mathrm{i})^5 + 8/\sqrt{23}$。

```
9*(1-7*i)^5+8/sqrt(23)          %输入计算式
```

程序计算结果为：

```
ans = 1.0365e+05 - 1.2071e+05i
```

上例表明，MATLAB 可用复数计算，运算符号和表达式与数学上使用的形式相近，i 或 j 是默认的虚数单位，计算结果默认用 ans 表示。计算式可以使用圆括号、中括号与花括号。

MATLAB 对变量 (标量、向量或矩阵) 赋值的格式都很相似，都是：

变量 = 所赋的值

对变量命名时不需要说明是否复数、多少维、精度多少，MATLAB 都是当作双精度复数处理。如果是矩阵，MATLAB 会根据输入的数值自动扩充以满足需要。有许多特殊的变量名是 MATLAB 保留的，列举如下：

pi	圆周率
Inf	无穷大，大于 10^{308} 的数
NaN	非数值，如 0/0
i，j	虚数单位
eps	浮点数相对精度：2.2204×10^{-16}
realmin	最小浮点数：2.2251×10^{-308}
realmax	最大浮点数：1.7977×10^{308}

2.1.3　数据存储与显示

MATLAB 有多种数据显示格式，常用的显示格式有如下 6 种。在默认状态下，MATLAB 以短格式 (short 格式) 显示计算结果。可以用 MATLAB 指令 format 来改变数字的显示格式。MATLAB 以双精度执行所有运算，显示格式的设置仅影响数据的显示，不影响数据的计算与存储。

MATLAB 命令	说明
short(默认)	3 位整数 4 位小数的定点数，超出范围则用 short e 显示
long	2 位整数 14 位小数的定点数，超出范围则用 long e 显示
short e	5 个数字的浮点数，其中 1 位整数 4 位小数
long e	16 个数字的浮点数，其中 1 位整数 15 位小数
short g	显示 5 个数字，自动选择定点数或浮点数
long g	显示 15 个数字，自动选择定点数或浮点数

改变显示方式的指令为 format。在使用指令 format 时，需要注意：指令设置的显示格式，只对后面的语句有影响，对前面的语句没有影响。例如：

```
1  x1=4/3    %默认 short 格式
2  format long
3  x2=4/3
4  format short e
5  x3=4/3
```

显示结果为：

```
x1 = 1.3333
x2 = 1.33333333333333
x3 = 1.3333e+000
```

下面列表对比了数字 105.1234 和 88.0000123456789 在不同显示格式下在屏幕上出现的数据。

各种显示格式下，计算结果只是显示得不同，计算机内存中的数值仍然相同。读者应注意，不要由于显示方式的差别造成对计算结果和数据精度的错误理解。

format	105.1234	88.0000123456789
short	105.1234	88.0000
long	1.051234000000000e+002	88.00001234567890
short e	1.0512e+002	8.8000e+001
long e	1.051234000000000e+002	8.800001234567890e+001
short g	105.12	88.000
long g	105.1234	88.0000123456789

行间距默认格式为 loose，即行间有空行，用指令 format compact 可压缩行间的空行。

字体设置可用菜单“主页/预设/字体”进行，比如 Sans Serif, plain, 18 是一种字体大小比较适合的等线体，而且这种字体能在程序中显示中文。

习题 2.1 在编辑器窗口输入变量 $a = \mathrm{e}^{\pi}$ 和 $A = \pi^{\mathrm{e}}$，并计算变量 $b = a - A$ 的值。

习题 2.2 构造 3×3 的随机数矩阵 $\boldsymbol{A}$ 的指令是：A = rand(3, 3)，查看在数据显示格式 short 和 long 下矩阵 $\boldsymbol{A}$ 显示的差别。

2.2 数据格式与算符

MATLAB 提供了多种灵活的数据格式，甚至可以同时处理数据、字符、函数和文本。为了高效地处理大量数据，MATLAB 将所有要处理的数据统一做成矩阵形式，然后对矩阵进行运算。所用的数据可能是一维、二维、三维甚至更高维的，在使用中，根据情况会做如下区分：

标量	单个数据
矢量 (向量或数组)	一行或一列数据
矩阵	m 行 n 列的二维数据
列阵	三维以上的数据
基元列阵	不同类型数据混合组成的列阵

从这个分类中可以看出，它们的关系是，标量的组合生成矢量，矢量的组合生成矩阵，矩阵的组合扩充生成列阵，数据的混合排列形成基元列阵。

2.2.1 向量

下面的程序语句可以实现向量的输入：

```
1  a=[1,2,3,4]
2  a=[1 2 3 4]            %行向量 a 的两种输入方法
3  b=[1;2;3;4]            %列向量 b，是行向量 a 的转置
4  b=a'                   %用转置算符，直接由 a 生成 b
5  c=1:2:10               %从 1 到 10 间隔 (也称步长) 为 2 数列
6  d=linspace(0,1,10)     % 0 到 1 之间等间隔的 10 个数，注意间隔并
                           不是 0.1
```

如果已经知道向量的全部数据，可以通过直接输入生成向量，如上面行向量 a 的输入，输入时数据用逗号或空格分隔，全部数据用方括号括起来。对于列向

量，输入时数据之间用分号分隔，或者先将行向量输入，再转置成列向量，如上面列向量 b 的输入。

如果向量中各个数据之间的间隔是固定的，那么只要输入第一个数据、间隔 (也称步长) 和最后一个数据，再将三者用冒号隔开，如上面向量 c 的输入。

如果要在两个数据之间生成确定的若干个线性等间隔的数据，可以使用专门的指令 linspace，如上面生成的向量 d。

向量其实就是只有一行或只有一列的矩阵，所以向量运算的法则与下面讲的矩阵运算法则相同。

2.2.2 矩阵

1. 矩阵的生成、标识与修改

1) 矩阵的生成

直接输入一个矩阵的方法如下例所示，即同一行的数据用逗号或空格分隔，各行数据用分号隔开，全部数据用方括号括起来。例如：

```
A=[1,2,3;4,5,6]
```

显示结果为：

```
A  =  1    2    3
      4    5    6
```

一些特殊的矩阵用指令生成既简单又方便，比如指令 zeros(生成全部元素为零的矩阵) 和指令 ones (生成全部元素为 1 的矩阵)。用这些指令生成向量或矩阵的格式基本一致，只要按格式输入相应的参数就可以，例如：

```
zeros(3,4)     %生成 3×4 的矩阵，所有元素都为 0
ones(3,5)      %生成 3×5 的矩阵，所有元素都为 1
```

2) 矩阵的标识方式

为了能从矩阵中找到任意一个数据或者任意一批数据，必须给其中的数据编号，这就是矩阵元素的标识方式。编号的方式是：矩阵名 (行号，列号)，如下面的 A(i, j)。使用冒号可以表示一行元素、一列元素或者几个相连续的元素，如 A(i, :) 是第 i 行全部元素，A(:, j) 是第 j 列全部元素。A(2 : 4, j) 是第 j 列中第 2 个到第 4 个元素，A(i, 2 : 4) 是第 i 行中第 2 个到第 4 个元素。英文单词 end 可表示矩阵某行或某列的最后一个元素，如 A(end, j) 与 A(end−1, j) 表示的是第 j 列的倒数第 1 个与倒数第 2 个元素，A(i, end) 与 A(i, end−1) 则是第 i 行的倒数第 1 个与倒数第 2 个元素。如果按照第 1 列、第 2 列、第 3 列……的顺序将矩阵所有的元素排列成一列，那么就可以用一个标号来表示矩阵元素如 A(k)。这些标识方式归纳如下：

A(i, j)	第 i 行 j 列元素
A(: , j)	第 j 列所有元素
A(i, :)	第 i 行所有元素
A(3 : 5, j)	第 3 到 5 行的第 j 列元素
A(i, 3 : 5)	第 3 到 5 列的第 i 行元素
A(end, j)	第 j 列的最后一个元素
A(end−1, j)	第 j 列的倒数第 2 个元素
A(i, end)	第 i 行的最后一个元素
A(i, end−1)	第 i 行的倒数第 2 个元素
A(k)	将第 1 列、第 2 列……排成一列后其中的第 k 个元素

3) 修改

可以对已经建好的矩阵进行修改，如增加元素、删除元素、合并矩阵，将元素重新排列等。

给矩阵增加元素只要指明该元素所在的位置就行，对于没有输入的元素，将自动以 0 来代替。如：

```
M =[1,2;3,4]
```

显示结果为：

```
M =    1    2
       3    4
```

```
M(4, 3)=2     %给 2×2 的矩阵 M 增加一个元素 M(4, 3)
```

显示结果为：

```
M =    1     2     0     %矩阵 M 自动扩充成 4×3 的矩阵
       3     4     0
       0     0     0
       0     0     2
```

对矩阵可以删除指定的行或者指定的列，操作时令被删除的行或列等于 [ ]。如：

```
M(3,:)= [ ]          %将矩阵 M 的第 3 行删除
```

显示结果为：

```
M =   1    2    0
      3    4    0
      0    0    2
```

用 [ ] 将矩阵括在一起就完成了矩阵的合并。例如

```
P=[M, M]             %将矩阵 M 按行排列
```

显示结果为：

```
P =   1    2    0    1    2    0
      3    4    0    3    4    0
      0    0    2    0    0    2
```

```
Q=[M; M]             %将矩阵 M 按列排列
```

显示结果为：

```
Q =   1    2    0
      3    4    0
      0    0    2
      1    2    0
      3    4    0
      0    0    2
```

还有指令可以对矩阵进行重新排列，比如指令 flipud (将矩阵上下翻转)，指令 fliplr (将矩阵左右翻转) 和指令 rot90 (将矩阵逆时针转 90°)。

2. 矩阵的数学运算

矩阵的数学运算大体上分为两大类：单个矩阵的数学运算和矩阵之间的数学运算.

1) 单个矩阵的数学运算

单个矩阵的数学运算又可细分为三种情况。① 对矩阵内每个元素单独运算，如指令 sqrt(A) 对矩阵 A 的各个元素开平方；② 对矩阵的一列或一行元素运算，如指令 sum(A) 是对 A 的各列求和；③ 对整个矩阵运算，如指令 A′ 求整个矩阵的转置。具体操作举例如下：

```
A = [4,   2,   0;
     6,   3,   8;
     9,   7,   1];
sqrt(A)
```

显示结果为：

```
ans =    2.0000     1.4142          0
         2.4495     1.7321     2.8284
         3.0000     2.6458     1.0000
```

```
sum(A)
```

显示结果为：

```
ans =   19     12     9
```

```
sum(A,2)
```

显示结果为：

```
ans =     6
         17
         17
```

```
A'
```

显示结果为：

```
ans =    4     6     9
         2     3     7
         0     8     1
```

所有计算函数值的指令都可以应用于矩阵，计算的结果是将矩阵的每一个元素作为因变量所对应的函数，并且得到一个新的大小与原来矩阵相同的由函数值组成的矩阵。MATLAB 内部有计算全部初等函数的程序，直接用指令调用即可，如 sin，cos，log，log10，exp 等。要看基本函数列表，只需键入

```
>> help elfun
```

MATLAB 也提供了许多更高级的特殊函数，如勒让德函数 legendre。要列出特殊函数可以键入

```
>> help specfun
```

2) 矩阵之间的数学运算

矩阵之间的数学运算可细分为两种情况：① 数组运算，两个矩阵的对应元素之间的数学运算；② 矩阵运算，两个矩阵按矩阵运算法则进行的运算。矩阵之间的数学运算是 MATLAB 最大优点，表现为用算符与指令代替程序作运算，矩阵运算包括了线性代数的数值计算，数组运算解决了数据运算的批处理。

两种运算使用不同的运算符号，其差别是数组运算符号多个圆点。矩阵运算与数组运算的运算符对照比较如表 2.1 所示，有时标量可以被作为同维数组进行运算。

表 2.1　矩阵运算与数组运算的运算符对照

矩阵运算指令	指令含义	数组运算指令	指令含义
A+B	矩阵相加	A.+B (同 A+B)	数组 A 与数组 B 的对应元素相加
A−B	矩阵相减	A.−B (同 A−B)	数组 A 与数组 B 的对应元素相减
s+B	标量与矩阵相加	s.+B (同 s+B)	标量 s 与数组 B 的每个元素相加
s−B	标量与矩阵相减	s.−B (同 s−B)	标量 s 与数组 B 的每个元素相减
A*B	矩阵相乘	A.*B	同维数组对应元素相乘
s*B	标量与矩阵相乘	s.*B (同 s*B)	B 的每个元素与标量 s 相乘
A/B	矩阵 A 右除矩阵 B	A./B	数组 A 与数组 B 的对应元素相除
A\B	矩阵 B 左除矩阵 A	A.\B	数组 B 与数组 A 的对应元素相除
A/S	矩阵除以标量	A./s (同 A/S)	数组 A 每个元素与标量 s 相除
(无对应)		s./B	标量 s 被数组 B 的每个元素除
A^n	矩阵的 n 次幂	A.^n	数组 A 的每个元素自乘 n 次

两种运算的举例如下。

先建立矩阵 A：

```
A= [ 1  1  1;  2  2  2;  3  3  3]
```

显示结果为：

```
A =     1    1    1
        2    2    2
        3    3    3
```

再对比两种运算的结果：

```
A.*A          %数组乘法
```

显示结果为：

```
ans =  1    1    1
       4    4    4
       9    9    9
```

```
A*A           %矩阵乘法
```

显示结果为：

```
ans =  6    6    6
      12   12   12
      18   18   18
```

结果表明，尽管参与运算的矩阵相同，但数组乘法与矩阵乘法的结果显然不同。

2.2.3 其他数据格式

1. 列阵

列阵是一种多维数组，可以看成矩阵的一种推广。做一个形象的比喻，矩阵由行元素与列元素构成，把它看成写字楼的一层，每个元素相当于一层写字楼中的一个格子，那么一栋楼就相当于三维的列阵。类似于行指标，列指标的记法，我们不妨把第三个指标记为层。可以把行、列和层都统称为维指标 (dim), 则它们的次序是：

dim = 1 (行指标)，2 (列指标)，3 (层指标)

m 行 n 列 l 层的三维列阵总的元素数目为 $m \times n \times l$。

对三维列阵元素的标识也是指明它对应的行、列和层的指标，就好比是在找第几层中的第几列的第几行的第几个格子。

由于屏幕上只能显示二维数据，所以在建立一个列阵之后，在屏幕上逐个显示其中所包含的矩阵。

对三维列阵进行运算时，也只能对其中的矩阵分别运算。

以此类推，还可以衍生出四维、五维等多维列阵。

2. 基元列阵

基元列阵可以将不同类型的数据按照与矩阵形式相似的结构组织起来加以应用。例如：

```
CA={0,[1,2;3,4];'Physics','1+1'}
```

显示结果为:

```
CA =      [        0]     [2x2 double]
          'Physics'       '1+1'
```

其中有一个元素是矩阵，只给出了它们的维数和数据精度。如要查看它的内容，可以将它们调出来，方法与调用矩阵元素的方法相似，比如:

```
CA{1,1}
CA{1,2}
```

显示结果为:

```
ans =       0
ans =       1      2
            3      4
```

需要注意的是，无论输入还是调用，基元列阵使用“{ }”，而不是像普通矩阵那样使用“[ ]”。

3. 字符和文本

输入文本的方法是用单引号，它输入的是 $1 \times n$ 的矩阵。如:

```
s='Physics'
```

显示结果为:

```
s=   Physics
```

是一个 1×5 的矩阵，在 MATLAB 内部它是作为与字符的 ASCII 码相应的数来保存的。

可以用方括号把字符合并为一个大的字符串，水平合并的操作为:

```
h=[s,' knowledge'] %注意空格
```

显示结果为:

```
h=Physics knowledge
```

垂直合并的操作为:

```
v=[s,'';'knowledge'] %两个字符串的字符数必须相同
```

显示结果为：

```
v= Physics
   knowledge
```

习题 2.3 构造 3×3 的随机数矩阵 A，求它的逆矩阵 B，计算 C=B*A 和 D=B.*A，对比矩阵乘法和数组乘法的差异。

习题 2.4 求当 $x = 1, 2, 3, \cdots, 10$ 时，$y = x^2 + \sin(x) + \ln(x)$ 的值。

2.3 编　程

程序是数值计算能力的最终体现，是学习效果的真实检验，不编程就是空谈。通过大量阅读程序与编程实践，才能提高编程能力。

2.3.1 编辑程序

MATLAB 有自备的程序编辑器，用以编辑程序和调试程序。下面编辑两个小程序来说明其用法。首先编写一个简单而又实用的程序 cc.m，步骤如下。

(1) 用工具栏的图标或菜单打开编辑器。

(2) 在编辑器窗口输入以下内容：

```
1  clear all    %清除内存中所有变量
2  close all    %关闭所有图形窗口
3  clc          %清除命令行窗口中的显示内容
```

(3) 用文件名 cc.m 存盘。

(4) 在命令行窗口中运行 cc，程序中的三条指令将一起执行，等效于从命令行窗口将三条指令逐条输入的效果。

再编写一个用矩阵画图的程序 test1.m。

(1) 用工具栏的图标或菜单打开编辑器。

(2) 输入以下内容：

```
1  cc
2  x=0:0.1:6;     %设置自变量
3  y=sin(x);      %求正弦函数值
```

```
4  plot(x,y)
```

(3) 用文件名 test1.m 存盘。

(4) 在命令行窗口中运行 test1。

程序运行过程中，指令 plot 会输出图形 (图 2.2)，在后面的课程中会详细介绍指令 plot 的用法。

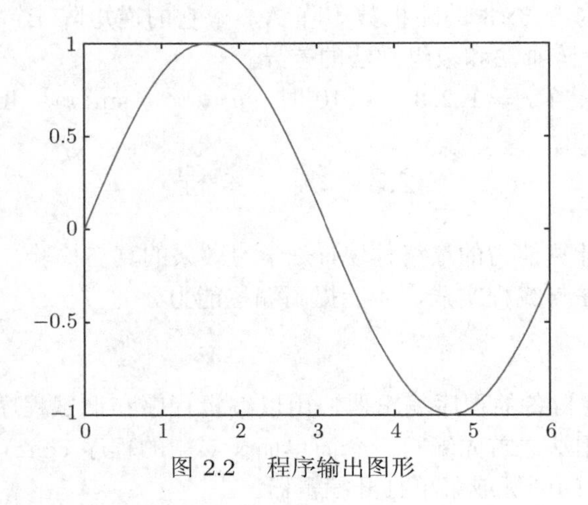

图 2.2　程序输出图形

在编写程序时，应注意以下几点：

(1) 排版格式——以保持程序的可读性，如后面讲到的 for 循环结构语句、if 分支结构语句，尤其是以后常用的函数文件，它们都有一定的格式；

(2) 注释——在程序中可以加入一些说明性的文字，这些文字要用%开头，在%后面的语句都不会执行；

(3) 分行——在程序中，有时一个语句太长，在一行写不完就要用…分行，这样形式上为两行的语句在结构上仍属于一行，执行时不会出现错误；

(4) 文件的命名规则——基本与 Windows 操作系统的要求相似，但有几点不同，如不能用中文作文件名，即禁用“作业.m”等之类的文件名，因为 MATLAB 不能识别中文；也不能用数字作为文件名开头，如“1.m”或“3-2.m”作文件名，因为数字是参与运算的。

2.3.2　关系及逻辑运算

在复杂的流程控制中，必然要用到关系和逻辑运算。

MATLAB 的关系运算符包括：

运算符	$<$	$<=$	$>$	$>=$	$==$	$\sim=$
含义	小于	小于等于	大于	大于等于	等于	不等于

进行关系运算时，如果结果为真，输出值为 1 (逻辑数据类型)，如果结果为假，输出值为 0 (逻辑数据类型)。比如：

```
cc
a=3,  b=5        %给变量 a,b 赋值
c=a>b            %比较是否 a>b
c=a<b            %比较是否 a<b
```

显示结果为：

```
a =     3
b =     5
c =     0    %输出值为 0, 即表达式 a>b 为假
c =     1    %输出值为 1, 即表达式 a<b 为真
```

MATLAB 的逻辑运算符有：

运算符	&	|	$\sim$	xor
含义	与	或	非	异或

在执行逻辑运算时，输入值和输出值 (逻辑数据类型) 都是 0 或 1，当输入值不是 0 或 1 时都当 1 (逻辑数据类型) 处理。比如：

```
cc
A=[-1,0,1,2,100]       %对 A 赋值
B=~A                   %逻辑运算符 ~ 的例子
```

显示结果为：

```
A =    -1     0     1     2   100
B =     0     1     0     0     0
```

```
cc
A=[1,3,-1,4,7,2]      %对 A 赋值
B=(A>0)&(A<3)         %找出 A 中大于 0 且小于 3 的元素的位置
```

显示结果为：

```
A =     1     3    -1     4     7     2
B =     1     0     0     0     0     1
```

利用关系和逻辑运算，可以按条件实现对矩阵的寻访和赋值。

例 2.2　设矩阵 A=[1:3:16;2:3:17;3:3:18]，将小于等于 10 的元素赋值为：非数 NaN。

解　操作如下：

```
1  cc
2  A=[1:3:16;2:3:17;3:3:18]
3  L=A<=10     %由不等式条件产生与 A 同规模的逻辑数组 L
4  AL=A(L)     %取出逻辑真对应的元素
5  A(L)=NaN    %把逻辑真指定的元素设置为“非数 NaN”
```

输出结果为：

```
A =   1     4     7    10    13    16
      2     5     8    11    14    17
      3     6     9    12    15    18
L =   1     1     1     1     0     0
      1     1     1     0     0     0
      1     1     1     0     0     0
AL =  1
      2
      3
      4
      5
      6
      7
      8
      9
     10
A =  NaN   NaN   NaN   NaN    13    16
     NaN   NaN   NaN    11    14    17
     NaN   NaN   NaN    12    15    18
```

在后面章节的“牛顿环图像显示”部分，这种对矩阵的赋值方式得到应用并发挥重要作用。

2.3.3 流程控制

程序中的指令一般是按语句的先后顺序执行，要想使指令按物理模型的需求执行，就要进行流程控制。常用流程控制有循环结构和分支结构。下面介绍几个最简单最实用的流程控制语句。

1. 循环结构

循环结构有两种。如果已知循环次数，那么就可以用 for 循环结构；如果事先不能确定循环次数，只能设定中途停止循环的条件，那么就用 while 循环结构。

for 循环语句格式如下：

```
for 循环变量 = 起始值: 步长: 终止值
    循环体
end
```

步长可以取正值或负值，取正值必须起始值小于终止值，取负值则要求起始值大于终止值。

例 2.3　画 4 条正弦曲线 $n\sin(x)$，其中 $n = 1, 2, 3, 4$。

解　具体操作如下：

```
1 cc;
2 hold on;box on;grid on;    %作图辅助语句
3 x=linspace(0,6);           %变量 x 是矢量
4 y=sin(x)
5 for n=1:1:4
6     plot(x,n*y)
7 end
```

所画图形如图 2.3 所示。在很多情况下，可以用矩阵的数组运算代替 for 循环结构，能够有效提高运算速度。比如，编写一个对数表，使用 for 循环语句的程序为：

```
1 cc
2 for n=1:1000
3     L(n)=log10(n*0.01)
4 end
```

简洁而且运行速度快的程序如下：

```
1  cc
2  x=0.01:0.01:10
3  L=log10(x)
```

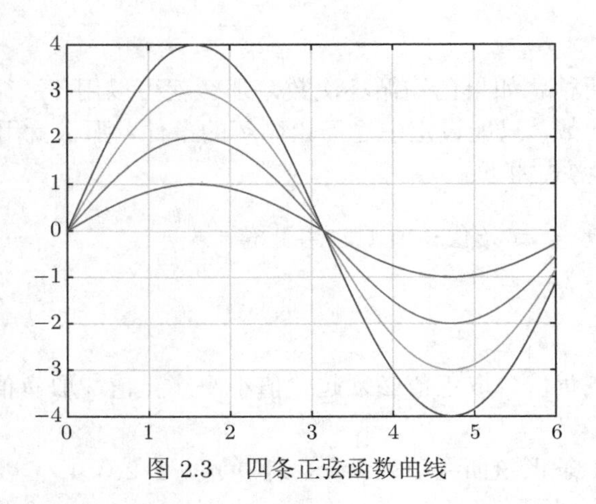

图 2.3　四条正弦函数曲线

while 循环语句格式如下：

```
while 循环终止条件
      循环体
end
```

例 2.4　找出小于 10^{10} 的最大阶乘。

解　具体操作如下：

```
1  cc
2  n=1;
3  while prod(1:n)<1e10
4          n=n+1;
5  end
6  n-1
```

屏幕上显示出结果是 13，即 13 的阶乘是小于 10^{10} 的最大阶乘。

这两种循环语句的功能很相近，有时可以任选一种循环语句，有时必须根据实际情况选用适合的循环语句。

2. 分支结构

分支结构是通过条件控制来选择要执行的指令，最常用的语句是 if 语句。单分支结构 if 语句格式如下：

```
if 条件表达式
   语句体
end
```

满足条件表达式时执行相应的指令，否则跳过执行其后的指令。

双分支结构 if 语句格式如下：

```
if 条件表达式
   语句体 1
else
   语句体 2
end
```

满足条件表达式执行语句体 1，否则执行语句体 2。

例 2.5 用键盘输入变量 x 的值，并按下面的分段函数表达式计算函数值

$$y=\begin{cases}\sqrt{x}, & x\geqslant 0,\\ -\sqrt{-x}, & x<0\end{cases}$$

解 具体操作如下：

```
1 cc
2 x=input(' 请输入 x 的值, x= ')  %通过键盘输入对变量赋值
3 if x>=0
4     y=sqrt(x)
5 else
6     y=-sqrt(-x)
7 end
```

3. 流程控制辅助指令

在流程控制过程中，除了循环结构语句和分支结构语句，一些执行辅助指令也非常实用，举例如下：

`input('...')`	显示引号中提示文字，并将键盘输入的数值赋给指定的变量
`input('...','s')`	将键盘输入的内容作为字符串赋给指定的变量
`disp('...')`	在命令行窗口显示单引号中的内容
`pause`	使程序运行暂停，按任意键恢复运行
`pause(n)`	使程序运行暂停 n 秒
`break`	用于 for, while 和 if 语句的终止
`continue`	在循环中跳过其后的指令，执行下一个循环
`return`	停止执行所在函数，返回调用函数

2.3.4 函数文件

用程序编辑器生成的程序文件，存盘时会以 .m 为扩展名，所以通常将 MATLAB 程序文件称为 M 文件 (M-file)，这些程序文件又可分为两类：脚本文件 (script file) 和函数文件 (function file)。

编写脚本文件时，只要将指令集中写在程序文件里，这些指令就可以按出现的先后顺序执行。对于需要反复使用的一批指令，将它们集中编写在脚本文件，下次使用时就能节约输入指令的时间。前面所举的例子 cc.m 就是一个脚本文件。脚本文件只是一串按用户意图排列而成的 (包括控制流程命令在内的) MATLAB 命令集合。脚本文件运行后，产生的所有变量都驻留在 MATLAB 基本工作空间 (base workspace) 中，只要用户不使用 clear 命令加以清除，这些变量将一直保存在基本工作空间中。基本工作空间随 MATLAB 启动而产生，只有当关闭 MATLAB 时，该空间才被释放。

与脚本文件不同，函数文件犹如一个“黑箱”，具有接收输入量和输出计算结果的功能。下面通过一个例子学习如何使用函数文件：

```
1  function main2021
2      length=10;width=8;
3      A=area(length,width)
4  end
5  function Fun=area(a,b)
6      Fun=a*b;
7  end
```

输出结果为：

```
A =     80
```

1. 函数文件的格式

在上面的例子中，后半部分是函数文件 area。从形式上看，与脚本文件不同，函数文件的第一行总是以“function”引导，整个函数文件必须按照如下顺序书写：

```
function [输出变量 Q1,Q2,...]= 函数文件名 (输入变量 P1,P2,...)
     函数体
end
```

输入量和输出量的数目并没有限制，既可以完全没有输入、输出量，也可以有许多的输入、输出量。

2. 主函数和子函数

主函数是 M 文件中由第一个 function 引导的函数，一般该 M 文件同名，在命令行窗口中可直接调用这个函数。M 文件内可以包含一个或多个可以被主函数 (或其他函数) 调用的函数，称为**子函数**，是 M 文件中由非第一个 function 引导的函数。子函数不独立构成 M 文件，只能寄生在 M 文件内；子函数可以被“同居”主函数和 (或) 其他“同居”子函数调用。在上面的例子中，开始部分是主函数 main2021，后半部分是子函数 area。

3. 函数文件的调用

在上面的例子中，主函数 main2021 会调用子函数 area，调用格式：

```
[输出变量 Q1,Q2,...]= 函数文件名 (输入变量 P1, P2,...)
```

函数文件的调用格式必须与编写时使用的格式完全相同。例如当编写函数文件时要求输入变量，则调用时一定要遵照这种格式输入变量，关键是变量的顺序不能改变，而变量名不必一致。

4. 函数空间

每个函数都是使用独立的内存空间，所以它们的变量不能共享。要在不同的函数空间使用同一个变量，必须在不同的空间**传递变量**，如用指令 global 建立各个子空间都能共享的全局变量。所有该函数的变量都存放在函数工作空间中。当执行完函数最后一条命令后，就结束该函数的运行，同时该临时函数空间及其所有的变量就立即被清除。

5. 建造函数

建造函数一般有两种方法。一种方法是上面提到的函数文件；另一种方法是用函数句柄符号 @ 建立匿名函数，例如上面的例子可改写为：

```
Fun=@(a,b)a*b ;
length=10;width=8;
A=Fun(length,width)
```

输入匿名函数时，符号 @ 后面第一个括号内是变量，接着写函数表达式。

2.3.5 数据输入与输出

MATLAB 常用 save 和 load 两个指令与外部环境交换数据。本书所涉及的数据的输入与输出仅限于 Microsoft Excel 文件的读取，相关的指令为 xlsread，具体格式如下：

```
num=xlsread(filename) 读取名为 filename 电子表格中的第一张工作表
num=xlsread(filename,sheet) 读取指定的工作表
num=xlsread(filename,xlRange)
                              读取第一个工作表的指定范围，例如'A1:C3'
num=xlsread(filename,sheet,xlRange) 读取指定的工作表和范围
```

下面通过几个例子，介绍指令 xlsread 的用法。

例 2.6 将工作表读取到数值矩阵。

创建一个名为 myExample.xlsx 的 Excel 文件：

```
values={1, 2, 3 ; 4, 5, 'x' ; 7, 8, 9};
headers={'First','Second','Third'};
xlswrite('myExample.xlsx',[headers; values]);
```

myExample.xlsx 的 Sheet1 包含：

```
First     Second     Third
    1          2         3
    4          5         x
    7          8         9
```

读取第一个工作表中的数值数据：

```
A=xlsread('myExample.xlsx')
%[ndata, text, alldata]=xlsread('myExample.xls')
```

输出结果为：

```
A =
     1     2     3
     4     5   NaN
     7     8     9
```

例 2.7　设定读取单元格 (Excel 文件中的) 的范围：

```
filename='myExample.xlsx';
sheet=1;
xlRange='B2:C3';
subsetA=xlsread(filename,sheet,xlRange)
```

输出结果为：

```
subsetA =
     2     3
     5   NaN
```

例 2.8　读取列：

```
filename='myExample.xlsx';
columnB=xlsread(filename,'B:B')
```

输出结果为：

```
columnB =
     2
     5
     8
```

要获得更佳的性能，可在范围中包括行号，例如 'B2:B4'。

2.3.6 程序调试

1. 语法自动检查

在输入程序时，编辑器具有语法自动检查功能，对于某些语法错误或文件格式错误会及时显示，如：在程序中出现中文字符或中文标点符号，循环语句忘记输入 end，在脚本文件内输入子函数文件等。程序中的错误之处会变成不同颜色或者被标注波浪下划线以凸显错误，或者在文件存盘时会提示错误。

2. 利用间断点调试程序

程序初步编写完成以后，需要检查格式、修正错误以及提高程序质量，以保证程序能顺利高效地运行，这个过程称为程序调试。调试程序是在程序编辑器中进行的，对于很简单的程序，直接运行即可，并根据错误提示直接修改错误。更复杂的程序，可以分块设置间断点，然后分块调试。调试过程中，通过内存工作区窗口监测变量的异常变化发现错误，能够大大提高调试效率。调试好一部分程序，再调试下一部分程序。

利用间断点调试程序过程如下：用编辑器打开程序，在某一行的命令语句左侧，行号和代码之间的“-”上单击鼠标左键，于是“-”处出现一个红圆点，这表明在该行设置了一个间断点，单击菜单栏的“运行”(Run) 按钮运行程序，程序开始运行并在该行语句的红点旁，出现一个绿色箭头，表明程序已经运行到这里。以后的运行可有几种选择，第一种是要逐句运行，那么就按编辑区域中的“步进”(Step) 按钮，每按一次运行一行语句；第二种是连续运行，那么就要按下“继续”(Continue) 按钮，程序将运行到下一个间断点才会停下来，如果下面没有设置间断点，程序就会运行到最后；第三种选择是按“步入”(Step In) 按钮，那么除了有和“步进”按钮相同的功能之外，还能进入到程序调用的函数文件中去逐句运行而不是一步跳过，如果要停止这项操作，可按“步出”(Step Out) 按钮。程序运行时，如果语句有错误，就会在有错误的语句停止，并在命令行窗口用红色字体给出相应错误的说明。如果要清除所设置的间断点，就将光标移到有红圆点处，并用鼠标左键单击红点，即可清除该间断点。

程序在调试好以后就可以执行了，但这并不是说这个程序一定是正确的，只能说明这个程序符合编程语法的要求，而一个程序的正确性不仅与算法有关，更多地还是与构造算法的物理思想和物理模型有关。

3. 设置搜索路径

MATLAB 运行的程序必须在其搜索路径之下的目录中，否则就不能运行，所以设置搜索路径也就是选定 MATLAB 的工作目录范围，这通常是指要把用户自己建立的新目录放入这个范围中去。MATLAB 本来已有的目录都是默认的工作目录，也就是已经在搜索路径之下。

用“主页 (HOME)/设置路径 (Set Path)”打开路径设置窗口如图 2.4 所示。其中所列出目录就是搜索路径之下的目录。如果想将一个新目录加入到搜索路径下，按照窗口中各个按钮上的指示进行操作即可。

一般情况下，用户不必设置搜索路径。这是因为，如果用户把程序放在一个自建文件下，并把该文件夹设定为当前文件夹，MATLAB 将自动把该文件夹加入其搜索路径。

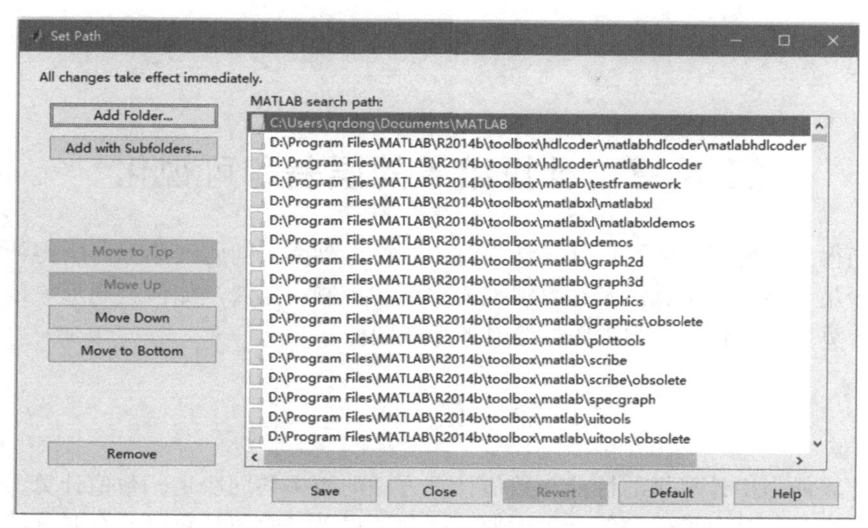

图 2.4　MATLAB 的路径设置窗口

4. 指令及帮助

MATLAB 的许多功能都是用指令来实现的，这些指令相当于一批可以直接调用的小程序，这些指令的使用十分简单，使用方法大致相同。只要按照设定的格式输入，指令就会给出固定格式的输出，从这个意义上来说，MATLAB 的指令、命令、程序、函数和算符，本质上都是一样的。

本章涉及的指令非常有限，在后面的学习以及解题中，很可能会遇到或者需要查找还不太熟悉的指令。对于不熟悉的指令，可以查阅 MATLAB 的帮助系统。例如可以运行以下指令了解指令 plot 的相关知识。

```
>> help plot   %查阅显示指令 plot 的简单含义
>> doc plot    %打开帮助浏览器，显示指令 plot 的详尽解释
```

另外，互联网上有大量 MATLAB 的学习经验，通过互联网搜索相关指令的用法，往往能大大提高初学者的学习效率。

第 3 章　计算结果的误差和可视化

当得到物理问题的数值计算结果时，往往遇到两个问题：第一，所得计算结果是否足够精确？这就涉及计算误差的评估和控制。第二，如何直观形象地理解所得计算数据？也就是根据数据绘制图形或图像。

3.1　误　　差

计算能力由计算机的性能与数值计算方法的效率共同决定。数值计算方法给出的解大多数是对准确解的一种近似，因此，误差是数值计算时一个必须特别重视的问题。一方面，若不控制数值计算过程中的误差传递和积累，则计算结果与准确解之间可能会有较大的偏差，甚至计算结果会完全偏离准确解，使计算失去意义。另一方面，数值计算中误差是不可避免的，问题是怎样减少计算误差，提高精确度。另外，也不应该过度地要求计算结果的准确性。

3.1.1　误差来源

从科学研究计算或实际工程计算的全过程看，误差的来源主要有四个方面。

1. 模型误差

由实际物理问题建立数学模型时，总是在一定条件下抓住主要因素，忽视次要因素，这样得到的数学模型是理想化的数学模型，它包含了进行近似数学描述时所引起的误差，称为**模型误差** (modeling error)。

2. 观测误差

在数学模型或计算公式中包含着一些已知数据 (称为原始数据)，这些数据往往是由观测实验得到的，它们和实际的数据之间有误差，称为**观测误差** (observational error)。

3. 截断误差

从理论上来说，许多数学运算的精确值往往需要无限的过程才能求出，然而计算机只能执行有限次的运算。例如，在计算机计算函数值时，通常按泰勒级数展开式进行计算，只能取展开式的有限项，后面各项被截去了，这种近似求解的方法常常表现为无穷过程的截断，由此产生的误差称为**截断误差** (truncation error)。

例 3.1　计算函数 e^x 在某点的值时，e^x 的幂级数展开式为

$$e^x = 1 + x + \frac{x^2}{2!} + \frac{x^3}{3!} + \cdots + \frac{x^n}{n!} + \cdots$$

但是用计算机求解时，只能截取有限项，求出近似值

$$S_n(x) = 1 + x + \frac{x^2}{2!} + \frac{x^3}{3!} + \cdots + \frac{x^n}{n!}$$

截断误差为 $e^x - S_n(x)$。

4. 舍入误差

由于计算机的机器字长有限，计算机在数据接收和数据运算时，必须将位数较多的数据四舍五入成一定位数的机器数，这样产生的误差称为**舍入误差** (round-off error)。一般而言，一次舍入运算不会产生很大的误差，但随着多次舍入运算，误差会积累放大。

一个实际物理问题的计算往往会涉及多种误差来源。例如，计算地球的表面面积采用的公式 $S = 4\pi r^2$，其中涉及模型误差：近似认为地球是球形的；观测误差：近似认为地球半径 $r = 6370$ 千米；舍入误差：取 π 的近似值。

模型误差和观测误差也称**固有误差**，一般来讲更侧重用物理的知识来处理；截断误差和舍入误差也称**计算误差**，是数值计算方法要讨论的内容。计算物理学是物理理论和数值计算方法紧密结合的学科，应该关心所有的误差来源。

3.1.2 误差的基本定义

在数值计算过程中，误差是不可避免的，但人们总是希望计算结果足够精确，这就需要对误差进行评估。为了从不同的侧面表示近似结果的精确程度，通常会采用绝对误差、相对误差和有效数字等概念。

1. 绝对误差

绝对误差是近似值与准确值之差，简称误差，即

$$E = Z' - Z \tag{3.1}$$

其中，E 表示误差；Z' 表示准确值，又称精确值、真值；Z 表示近似值。

在实际问题中，准确值是未知的，因此定义式 (3.1) 失去了实际意义。通常，若存在一个小正数 ε，使不等式

$$|E| = |Z' - Z| \leqslant \varepsilon \tag{3.2}$$

成立，则称 ε 为近似值 Z 的**绝对误差限**，简称误差限。由此可得到下面的结果：

$$Z-\varepsilon<Z'<Z+\varepsilon,$$

这表示准确值在 $[Z-\varepsilon, Z+\varepsilon]$ 范围内。

绝对误差限不是唯一的，但是在实际应用中，一般按四舍五入的原则对准确值取近似。所以按四舍五入方法得到近似值的绝对误差限是其末位的半个单位。

2. 相对误差

绝对误差的大小还不能完全表示出近似值的精确程度，还必须考虑相对误差的大小。

相对误差定义为

$$E_{\mathrm{r}}=\frac{|E|}{|Z'|}=\frac{|Z'-Z|}{|Z'|} \tag{3.3}$$

通常准确值 Z' 是无法求得的，而用其近似值代替，于是

$$E_{\mathrm{r}}=\frac{|E|}{|Z|}$$

可以证明这种近似误差与 $(|E|/|Z'|)^2$ 的值为同一数量级。

相对误差的绝对值上界称为**相对误差限** ε_{r}，定义为

$$\varepsilon_{\mathrm{r}}=\frac{\varepsilon}{|Z'|}\approx\frac{\varepsilon}{|Z|}$$

例 3.2　按四舍五入取 π 的近似值 3.14，试求其相对误差限。

解　按四舍五入取近似值 $\pi=3.14$，其绝对误差限为 $\varepsilon=0.005$，有

$$\varepsilon_{\mathrm{r}}\approx\frac{0.005}{3.14}=0.159\%$$

3. 有效数字

如果近似值 Z 的误差限不超过某一位上的半个单位，该位到 Z 的第一个非零数字共有 n 位，我们说，**Z 有 n 位有效数字**，或者 Z 准确到该位。

有效数字可以表示近似值的准确程度，有效数字的末位与绝对误差限有关，有效数字位数与相对误差限有关。

例 3.3　指出下列各数有几位有效数字，误差限是多少？

$$2.0004，0.00200，9000，9\times10^3，2\times10^{-3}$$

解　有效数字位数分别为：5，3，4，1，1；

误差限分别为：0.00005，0.000005，0.5，500，0.0005.

习题 3.1 2020 年 12 月 8 日，中国和尼泊尔共同宣布珠穆朗玛峰最新高程为 8848.86 米，请问：(1) 此高程有几位有效数字？(2) 绝对误差限是多少？(3) 相对误差限是多少？(4) 如果取 4 位有效数字，绝对误差限和相对误差限分别是多少？

3.2 误差危害的防止措施

在数值计算方法的理论研究中，人们总结了许多控制误差的原则。在计算物理学中，误差控制应以有效解决物理问题为原则，并不追求对绝对误差和相对误差的全面控制。在处理具体物理问题的过程中，除了依靠数值计算理论中误差控制的方法进行误差控制，更应该结合物理问题的实际情况。由于具体物理问题千变万化，控制误差也要具体情况具体分析。下面介绍几个关于防止误差危害的具体情况。

1. 物理量零参考点引起的误差

如果零参考点选择得不合适，可能会产生大数“吃掉”小数的情况，引起严重的误差，甚至导致数值计算的失败。

例 3.4 假设有一个物体长度为 1.0×10^{9} 米，长度每年增加 1.0×10^{-9} 米，计算一年以后物体长度。程序如下：

```
format long
L=1.0e9;
deltaL=1.0e-9;
L+deltaL
```

输出结果为：

```
ans = 1.000000000000000e+09
```

计算结果显示物体长度增加了 0。如果对物体长度的精度要求很高，那么这个误差是不能接受的。误差的来源是计算机的舍入误差。在计算机内进行加法运算时，要将数据写成浮点数形式，且先要对阶。由于双精度浮点数只有 16 位，大数就把小数“吃掉”了。

控制上述误差的措施是合理选择物体长度的零参考点。如果我们将此时物体长度记作 0，那么计算程序为：

```
format long
L=0;
deltaL=1.0e-9;
L+deltaL
```

输出结果为:

```
ans = 1.000000000000000e-09
```

计算结果显示物体长度为 1.0×10^{-9} 米，这个结果的误差得到了很好控制。

只要涉及物理量大数与小数相加，除非对小数的损失不敏感，都应该采取措施控制大数把小数“吃掉”所带来的误差。

2. 物理单位引起的误差

利用计算机处理物理问题，往往需要调用 MATLAB 自带的子程序、标准函数库内的子程序或者相关领域其他研究者编写的子程序。这些子程序有些可以查看或修改，有些太复杂而难以修改，有些不允许查看或修改，无论哪种情况，都应该掌握子程序的容差大小，然后根据容差合理选择自编程序中物理量的单位。

下面看一个例子。求解非线性方程的子程序 fsolve，其默认容差是 1.0×10^{-6}，当调用 fsolve 求解原子能量问题时，必须注意物理量单位的选择。如果选择“焦耳”做能量单位，能量的数量级在 10^{-19} 左右，子程序 fsolve 的输出结果将失去意义。控制误差的措施是：用“电子伏特”等小单位作为能量单位，或者修改子程序的默认容差。当处理天体物理等物理问题时，往往需要选择较大的物理单位，否则会为不必要的精度要求消耗计算量，拖慢工作进度。

3. 计算步长与误差的关系

在计算过程中，步长与误差有密切的关系，下面通过一个数值微分的例子来体会这种关系。

由泰勒展开公式

$$f(x+h)=f(x)+hf'(x)+O(h^2)$$

可以推导出数值微分的公式

$$f'(x)=\frac{f(x+h)-f(x)}{h}$$

不难发现，所求导数的截断误差为 $O(h)$，所以当步长 h 越小时，截断误差越小。但是，数值计算方法中的误差来源，不但有截断误差，还有舍入误差。随着步长变小，计算步数增加，因此舍入误差随之增加。

综合来看，总的误差随着步长的减小，呈现出先减小后增加的趋势。

4. 数值算法不稳定引起的误差

一个数值算法，在计算过程中，如果误差的传播对计算结果的影响很小，或者说，误差的传播是可控的，则称这个算法**数值稳定**；否则，如果误差的传播对计算结果的影响很大，或者说，误差的传播是不可控的，则称这个算法**数值不稳定**。下面通过一个例题来体会数值算法不稳定引起的误差[5]。

例 3.5 计算积分 $I_n=\int_0^1 \frac{x^n}{x+5}\mathrm{d}x$。

解 通过直接计算可产生递推公式

$$I_n=-5I_{n-1}+\frac{1}{n},\quad I_0=\ln\frac{6}{5}\approx 0.182322 \tag{3.4}$$

由经典积分知识可推得 I_n 具有如下性质：

(1) $I_n>0$；

(2) I_n 随 n 增加单调递减；

(3) $\lim\limits_{n\to\infty} I_n=0$；

(4) $\frac{1}{6n}<I_{n-1}<\frac{1}{5n}(n>1)$。

下面用两种算法计算 I_n。

算法 A 递推关系，$I_n=-5I_{n-1}+\frac{1}{n}, I_0=\ln\frac{6}{5}\approx 0.182322$。

具体程序如下：

```
x=0.1823222
for n=1:20
    n
    x=-5*x+1/n
end
```

按算法 A，自 $n=1$ 计算到 $n=20$ 产生如下计算结果 (表 3.1)。

表 3.1 计算结果

n	I_n	n	I_n	n	I_n	n	I_n
1	0.0884	6	0.0344	11	−31.3925	16	9.8145e+4
2	0.5810	7	−0.0290	12	157.0457	17	−4.9073e+5
3	0.0431	8	0.2701	13	−785.1516	18	2.4536e+6
4	0.3470	9	−1.2393	14	3.9258e+3	19	−1.2268e+7
5	0.0265	10	0.2967	15	−1.9629e+4	20	6.1341e+7

由表 3.1 可见，该算法产生的数值解自 $n=7$ 开始出现负值，且绝对值逐渐增加，这显然与 I_n 固有的性质相矛盾，因此，本算法所得的数值解不符合问题的要求。究其原因，在构造算法时未能充分考虑原积分模型的性质，其计算从 I_{n-1} 到 I_n 每向前推进一步，其计算值的舍入误差便增长 5 倍，误差由此继续传播导致最终数值解与原问题相悖的结果。为了克服这一缺点改进算法 A 为算法 B。

算法 B　递推关系 $I_{n-1}=-\frac{1}{5}I_n+\dfrac{1}{5n}, I_{20}\approx\dfrac{\dfrac{1}{6\times 21}+\dfrac{1}{5\times 21}}{2}=0.00873016$。

具体程序如下：

```
x=0.00873016
for n=20:-1:1
    n-1
    x=-(1/5)*x+1/(5*n)
end
```

按算法 B，自 $n=20$ 计算到 $n=1$。由于该算法每向后推一步，其舍入误差便减少 5 倍，因此获得符合原积分模型性质的数值计算结果 (表 3.2)。

表 3.2　数值计算结果

n	I_n	n	I_n	n	I_n	n	I_n
19	0.0083	14	0.0112	9	0.0169	4	0.0343
18	0.0089	13	0.0120	8	0.0188	3	0.0431
17	0.0093	12	0.0130	7	0.0212	2	0.0580
16	0.0099	11	0.0141	6	0.0243	1	0.0884
15	0.0105	10	0.0154	5	0.0285	0	0.1823

3.3　计算结果的可视化

无论是在科学研究中还是在工程计算中，为了更好地分析计算结果，都希望将计算结果可视化。用其他语言作计算时，通常要在计算完成之后使用专门的作图软件去画图，而 MATLAB 的作图功能已经达到了作图软件的水平，能将计算结果直接作图输出，避免了不同软件之间的数据输出和输入，这是使用 MATLAB 做计算的一个显著优点。MATLAB 具有丰富而强大的作图功能，下面仅对本书常用的几个作图功能做简要介绍。

3.3.1　作图功能概述

MATLAB 画出的图形可以用自身默认的图形文件格式 fig 文件进行编辑、存盘或打印输出，也支持输出几乎所有的图形文件格式，如 EPS、BMP、JPG、TIF

等，这些都是科研工作者展示计算结果或论文投稿时常用的图形文件格式。用户输出不同类型的图形文件格式时，只要在图形窗口中的菜单“文件”(File) 下选择“另存为”(Save as)，再找到相应的文件格式即可。

MATLAB 可以用指令完成各种二维图形和三维图形，包括完成一些特殊图形，如对数图、复数图、极坐标图、矢量场图、等高线图等，可以用数据直接作图，也可以用函数作图。MATLAB 图形窗口不仅能显示图形，也可以对画好的图形进行再编辑，比如：编辑图形对象的颜色和形状，增加标题和说明性文字，改变观察图形的视角，画线条和箭头，将图形放大和缩小，旋转三维图形。

MATLAB 是在图形窗口中画图，任何作图指令都会自动打开一个图形窗口。如果已经有打开的图形窗口，则图形将画在这个窗口中，并默认用新图形替代旧图形。指令 hold on 可以在保留旧图形的基础上画出新图形，而 hold off 则关闭这种功能，也就是恢复默认设置。也有专门用于打开图形窗口的指令，就是指令 figure。

下面是一些常用指令：

```
figure             打开新图形窗口
figure(n)          打开第 n 个图形窗口
clf                清除图形窗口中的显示内容
close figure(n)    关闭第 n 个图形窗口
close all          关闭所有的图形窗口
subplot(m,n,p)     将窗口分成 m × n 个区，接下来将在第 p 区作图
hold on            在窗口中保留原图形，画上新图形
hold off           (默认) 关闭窗口保留原图形的功能
```

3.3.2 二维曲线作图指令

下面的指令都是画二维图形的指令：

```
plot      画一条或多条曲线
polar     极坐标图
fplot     数值函数二维曲线
fill      平面多边形填色
```

这些指令用法基本相似，只要在指令后面输入相应的参数就可做出图形，所需要填写的参数可以用 help 系统查找。

1. plot 函数

1) 格式与功能

在前面已经用到过 plot 函数，它是二维线图最常用的指令。指令 plot 的用法十分丰富，下面是它的基本用法：

`plot(x,y)`	画一条曲线：默认模式是将数据点用直线连接；x 和 y 分别是表示数据点横坐标和纵坐标的矢量
`plot(x1,y1,x2,y2,...)`	画多条曲线
`plot(y)`	以元素序号作自变量画曲线

例 3.6　在区间 [0, 2π] 内绘制正弦函数 $y = \sin(x)$ 曲线。

解　具体程序如下：

```
x=0:pi/4:2*pi;
y=sin(x);
plot(x,y)
```

计算结果如图 3.1。在这个例子中，通过设定较大数据点间隔，可以看出数据点之间的直线连接。随着数据点间隔的减小，曲线会变得平滑。

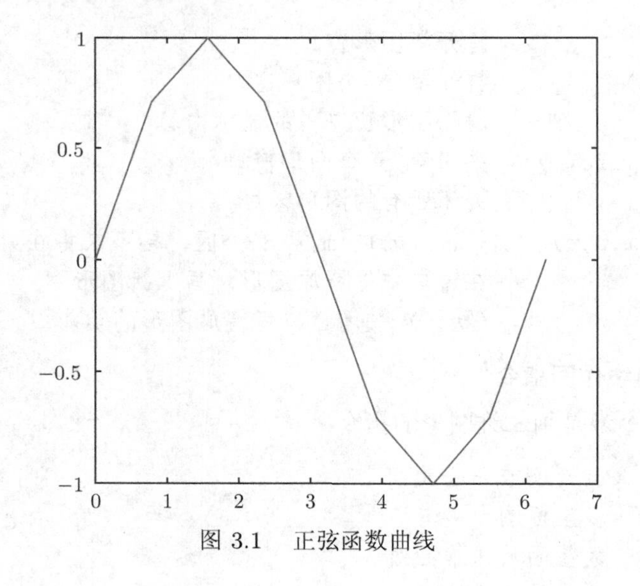

图 3.1　正弦函数曲线

例 3.7　在区间 [0, 2π] 内绘制正弦函数 $y = \sin(x)$ 和余弦函数 $y = \cos(x)$ 曲线。

解　具体程序如下：

```
x=0:pi/100:2*pi;
y1=sin(x);
y2=cos(x);
```

```
plot(x,y1,x,y2)
```

计算结果如图 3.2，此图形中数据点间隔较小，所绘制的曲线非常平滑。

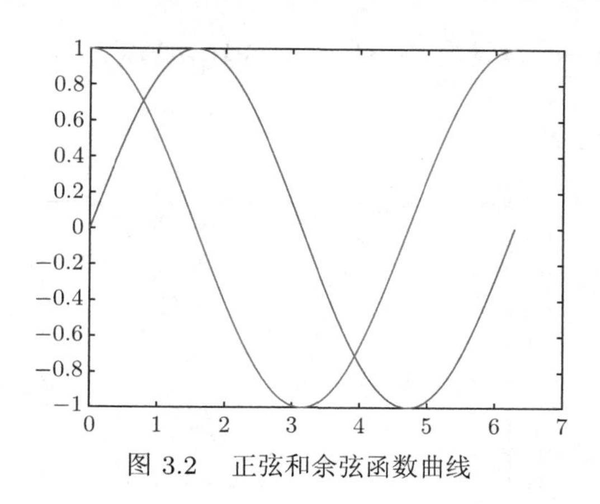

图 3.2 正弦和余弦函数曲线

2) 线型与颜色

在 plot 绘图指令中增加一些参数，可以绘制出不同颜色与不同线型的图形，下面是它的用法格式：

`plot(x,y,'color style marker')` 颜色 `color`，线型 `style`，标志 `marker`

根据表 3.3 的设置，可以调整所绘图形的颜色、线型标志。

表 3.3 颜色、线型标志的设置值

颜色符号	颜色	线型标志符号	线型标志
y	黄色	-	实线
m	紫色	--	短划线
c	青色	:	点线
r	红色	-.	点划线
g	绿色	.	点
b	蓝色	+	加号
w	白色	o	圆圈
k	黑色	*	星号

例 3.8 在区间 $[0, 2\pi]$ 内，同时绘制不同线型、不同颜色正弦函数 $y = \sin(x)$ 和余弦函数 $y = \cos(x)$ 曲线。

解 具体程序如下：

```
x=0:pi/10:2*pi;
y1=sin(x);
y2=cos(x);
plot(x,y1,'k--o',x,y2,'b-*','LineWidth',2)
```

计算结果如图 3.3 所示。

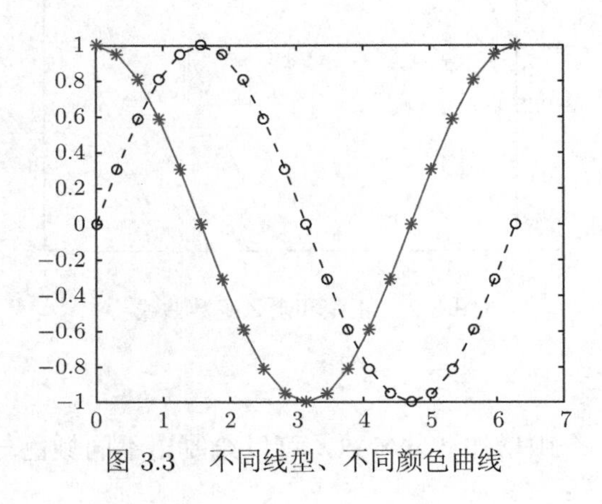

图 3.3 不同线型、不同颜色曲线

显然，如果矢量 x 与矢量 y 分别是一个多边形的顶点的坐标 x 与坐标 y，则可用 plot 画出这个多边形。由两点画一线，为了使多边形图形封闭，需要将起点的坐标在矢量的最后重复输入一次。例如画一个如图 3.4 所示的四边形, 方法如下：

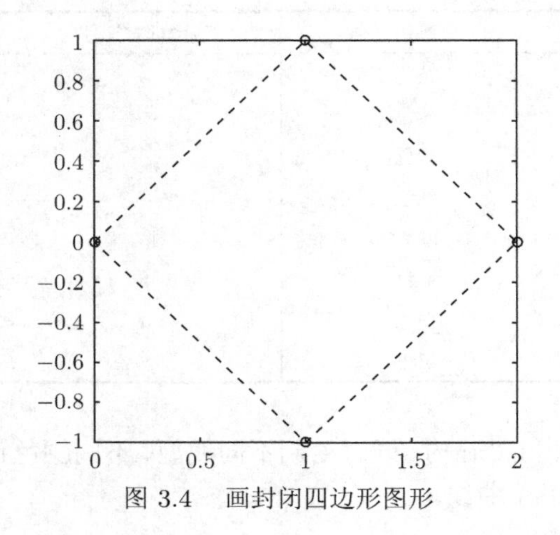

图 3.4 画封闭四边形图形

```
x=[0, 1, 2,  1,0];
y=[0, 1, 0, -1,0];
plot(x,y,'k--o','LineWidth',3)
```

将 plot 语句替换成 fill(x,y,'g')，则将三角形填色，g 表示是填充绿色。

2. polar 函数

polar 是画极坐标图的指令，可以按下述方式运用指令：

```
polar(theta,rho,LineSpec)
```

指令 polar 的用法与指令 plot 类似，参数的详细解释可查阅 help 系统。下面通过两个例子来了解 polar 函数的具体用法。

例 3.9 用 polar 函数画出一个圆环在第一象限的图形。图形由两段弧和两段直径组成，依次给出它们的极坐标，然后作图即可。对直径只要给出起点与终点的坐标，而对于弧，则给出了 11 个点的坐标，这是为了使曲线更光滑，所得图形如图 3.5 所示。

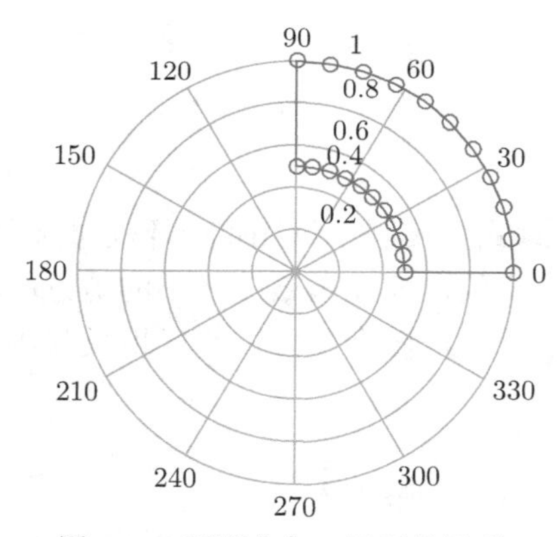

图 3.5 画四分之一圆环的图形

具体程序如下：

```
t=[0,0:pi/20:pi/2,pi/2:-pi/20:0];
r=[0.5,ones(1,11),0.5*ones(1,11)];
polar(t,r,'r-o')
% h=polar(t,r,'r-o');
% set( h, 'LineWidth', 2 );
```

例 3.10 用 polar 函数画一个五角星，所得图形如图 3.6，程序如下：

```
t=0.5*pi:0.8*pi:4.5*pi;
r=ones(1,6);
polar(t,r,'r')
```

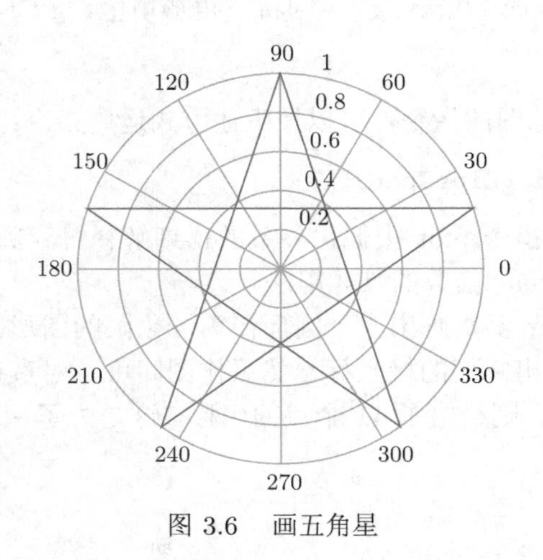

图 3.6 画五角星

3. fplot 函数

fplot 是利用函数表达式直接画二维图形，不必要先计算函数值。fplot 绘图的数据点是用自适应法产生的，即在函数变化小的地方取较少的点，而在函数变化剧烈的地方取较多的点。这样图像就可以更好地反映函数的变化。可以按下述方式运用指令：

```
fplot(FUN,LIMS,tol,LineSpec)
```

其中 FUN 是作图函数，LIMS 是变量取值范围，tol 是相对容差值 (默认值 0.002)，LineSpec 是线型设置。如：

```
sn=@(x)sin(1./x)
fplot(sn,[0.03 0.1],'k-o')
```

画出了函数在 [0.03, 0.1] 内的图像。实际图像如图 3.7，可以看出在自变量较小的地方，函数值随自变量的变化较快，由于取点较多，所以图像仍可较好反映函数的变化。可以尝试对变量 x 取等间距变化的值再用指令 plot 重画此图，就可看出两者的差别。

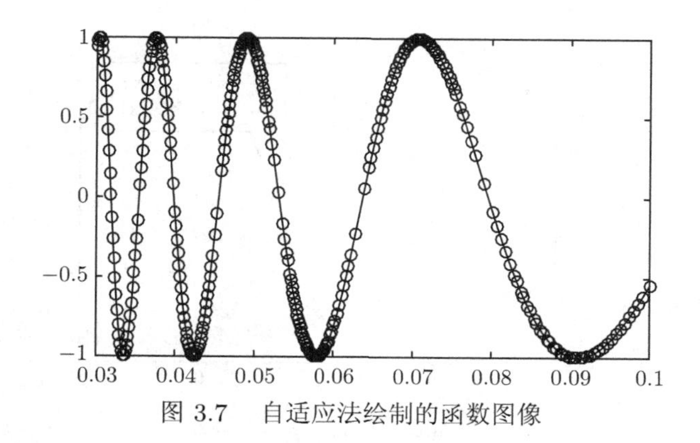

图 3.7 自适应法绘制的函数图像

习题 3.2 利用指令 polar，根据表达式 $\rho = 1 - \cos\theta$ 绘制曲线。

习题 3.3 用 fplot 绘制函数 $\cos(\tan\pi x)$ 在区间 [0,1] 上的曲线。

3.3.3 图形标识和坐标轴控制

MATLAB 对图形风格的控制比较完备友善。一方面，在通用的层面上，它采用了一系列考虑周全的默认设置，因此在绘制图形时，无须人工干预，它就能根据所给数据自动地确定坐标取向、范围、刻度、高宽比，并给出相当令人满意的图形；另一方面，在适应用户的层面上，它又给出了一系列便于使用的指令，允许用户根据需要和偏好去改变那些默认设置。

1. 图形标识

可以对图形加上一些说明，如坐标轴名称和图例等。举例如下:

例 3.11 图形标识。

```
x=0:pi/100:2*pi;
y1=sin(x);
y2=cos(x);
plot(x,y1,'k:',x,y2,'b-')
xlabel('variable X');
ylabel('variable Y');
text(2.8,0.5,'sin(x)');
text(1.4,0.3,'cos(x)');
legend('sin(x)','cos(x)');
```

计算结果如图 3.8。

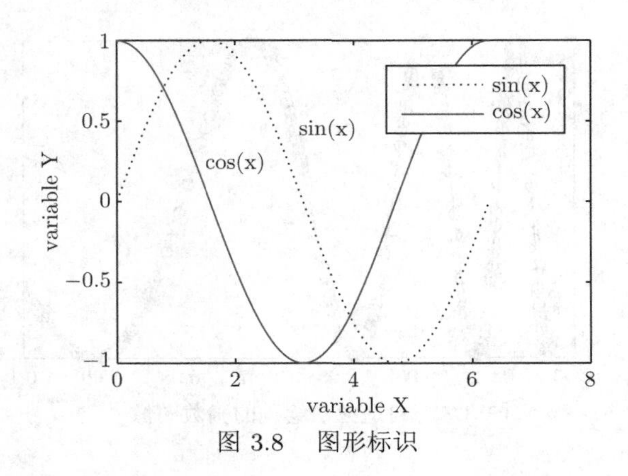

图 3.8　图形标识

2. 坐标轴控制

在绘制图形时，系统自动给出图形的坐标轴，用户也可以利用 xlim、ylim 和 gca 等函数对其重新设定。举例如下:

例 3.12　在坐标范围 $0 \leqslant x \leqslant 2\pi, -1.5 \leqslant y \leqslant 1.5$ 内绘制正弦曲线。作图过程中，请尝试实现如图 3.9 所示的坐标轴控制。

```
1  x=linspace(0,2*pi,60);
2  y=sin(x);
3  plot(x,y);
4  xlim([0,2*pi])
5  ylim([-1.5,1.5])
6  % axis([0,2*pi,-1.5,1.5]);
7  set(gca,'XTick',[0:pi/4:2*pi],'xticklabel',...
8        {'0','','\pi/2','','\pi','','3\pi/2','','2\pi'})
9  set(gca,'YTick',[-1.5:0.5:1.5],'yticklabel',[-1.5:0.5:1.5])
10 xlabel('X'); ylabel('Y');
11 grid on
```

用户也可以利用其他函数对坐标轴进行设定，部分常用指令如下:

```
axis([xmin xmax ymin ymax])   设定坐标轴的最大值和最小值
axis('auto')                  将坐标系统返回自动缺省状态
axis('square')                将当前图形设置为方形
axis('equal')                 横轴和纵轴采用等长刻度
```

`semilogx`	X 轴为对数的坐标图
`semilogy`	Y 轴为对数的坐标图
`loglog`	双对数坐标图
`grid on`	画出分格线
`grid off`	不画分格线
`box on`	使当前坐标呈封闭形式
`box off`	使当前坐标呈开启形式

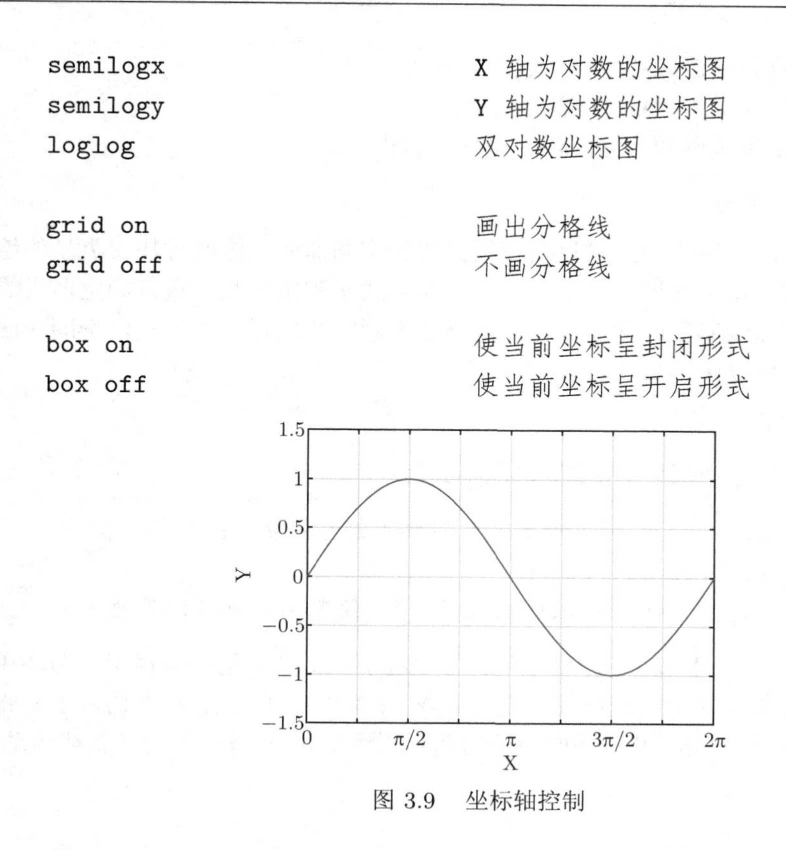

图 3.9 坐标轴控制

习题 3.4 用 plot 绘制 $\sin(x)$ 和 $\sin(4x)$，并按图 3.10 进行坐标轴控制和图形标识。具体要求：

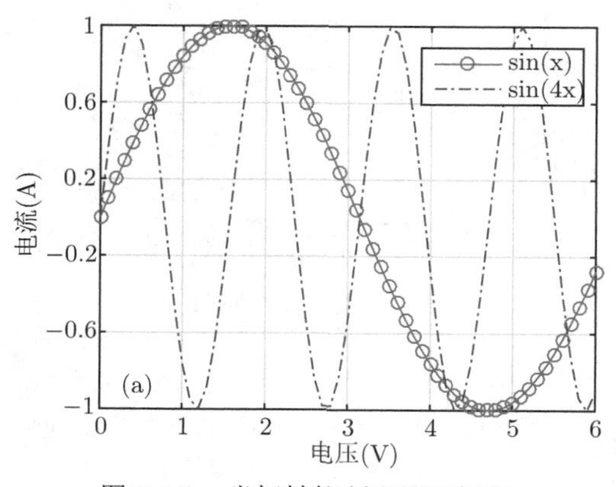

图 3.10 坐标轴控制和图形标识

(1) 正确绘制 $\sin(x)$ 和 $\sin(4x)$ 曲线；

(2) 分别设置两条曲线的颜色、线型和标志；
(3) 添加图例和文本“(a)”，添加网格线；
(4) 设置坐标轴范围和刻度，标注坐标轴名称。

3.3.4 基本的三维图

计算物理中的三维作图主要包括空间曲线和空间曲面，这两种作图类型的绘制方法差异较大。从下面例子可以看到，空间曲线是利用参数矢量来确定曲线的点的三个坐标；而绘制空间曲面则要先建立数据网格才能作图。另外，空间曲面也可以用二维等值线图形来代替。

1. 绘制空间曲线

plot3 是绘制空间曲线的指令，语法格式为：

```
plot3(x,y,z,s)       x,y,z 是矢量，表示点的空间坐标; s 是线型
plot3(x,y,z,x1,y1,z1,..., s)
                     x,y,z(x1,y1,z1) 用于绘制第一（二）条曲线
```

例 3.13 下面利用 plot3 指令绘制：带电粒子在均匀磁场中受洛伦兹力作用的运动轨迹。设带电粒子初速度的方向在 XY 平面内，磁场沿 Z 方向，于是带电粒子的运动可以分解成 XY 平面内的匀速圆周运动和 Z 方向的匀速直线运动。所绘图形如图 3.11 所示。

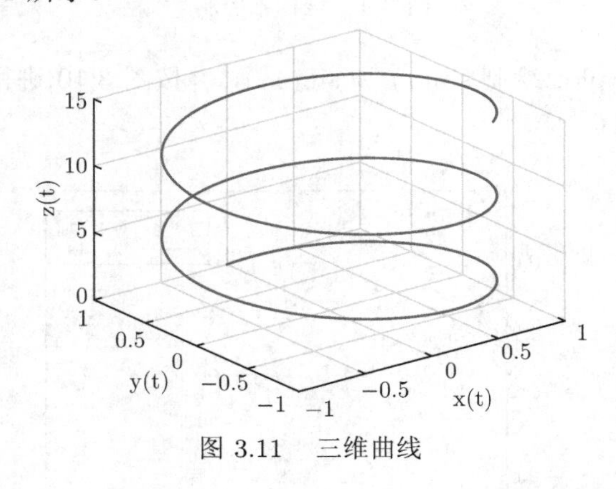

图 3.11 三维曲线

程序如下：

```
1 t=0:0.01:15;
2 x=sin(t);y=cos(t);z=t;
3 plot3(x,y,z,'-','LineWidth',2)
```

```
4 xlabel('x(t)');ylabel('y(t)');zlabel('z(t)');
5 grid on
```

例 3.14 下面再看一个绘制空间四面体的例子，空间四面体如图 3.12 所示，四面体的顶点在：$A(0,0,0)$，$B(1,0,0)$，$C(0.5,0.5,0.5)$，$D(0.5,0.5,0)$。下面的程序中，具体方法是分别绘制三个空间三角形：ABC，BCD 和 ACD，所以需要先将它们的空间坐标依次列出，最后用 plot3 画图。具体操作如下：

```
1  A=[0,0,0];           %四个顶点坐标
2  B=[1,0,0];
3  C=[0.5,0.5,0.5];
4  D=[0.5,0.5,0];
5  Xabc=[A(1),B(1),C(1),A(1)];          %三角形 ABC 的顶点坐标
6  Yabc=[A(2),B(2),C(2),A(2)];
7  Zabc=[A(3),B(3),C(3),A(3)];
8  Xbcd=[B(1),C(1),D(1),B(1)];          %三角形 BCD 的顶点坐标
9  Ybcd=[B(2),C(2),D(2),B(2)];
10 Zbcd=[B(3),C(3),D(3),B(3)];
11 Xacd=[A(1),C(1),D(1),A(1)];          %三角形 ACD 的顶点坐标
12 Yacd=[A(2),C(2),D(2),A(2)];
13 Zacd=[A(3),C(3),D(3),A(3)];
14
15 hold on;
16 plot3(Xabc,Yabc,Zabc);
17 plot3(Xbcd,Ybcd,Zbcd);
18 plot3(Xacd,Yacd,Zacd);
19 %plot3(Xabc,Yabc,Zabc,Xbcd,Ybcd,Zbcd,Xacd,Yacd,Zacd)
20 view(-44,22)
21 xlabel('x'); ylabel('y'); zlabel('z');grid on;
```

将 plot3 的语句换成下面的语句，则会将四面体的三个面分别涂上绿色、红色和黄色，如图 3.13 所示。

```
fill3(Xabc, Yabc, Zabc, 'g' )
```

```
fill3(Xbcd, Ybcd, Zbcd, 'r' )
fill3(Xacd, Yacd, Zacd, 'y' )
```

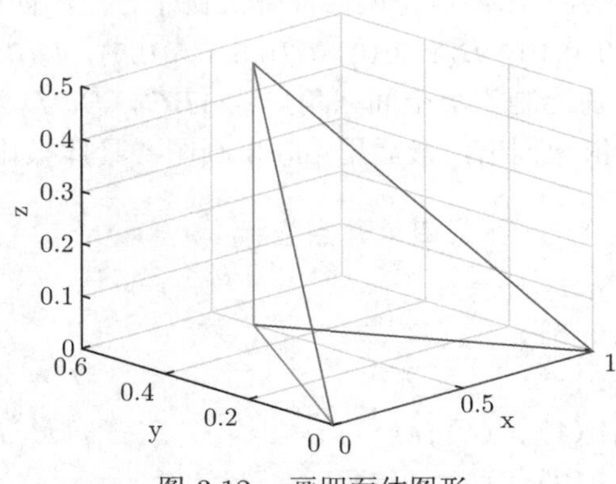

图 3.12 画四面体图形

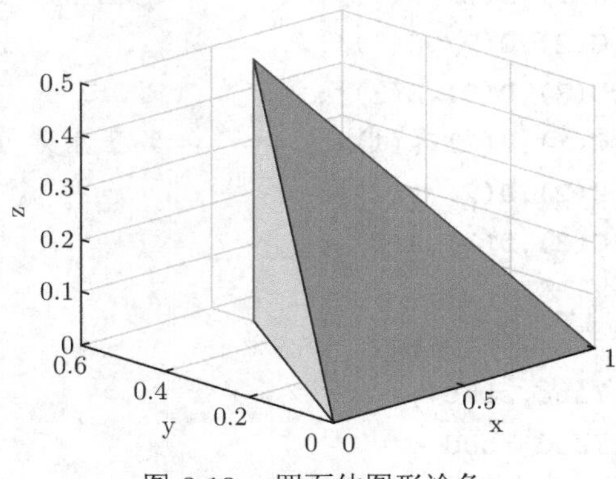

图 3.13 四面体图形涂色

日常生活中从不同的视点观察物体，所看到的图形是不同的。同样，三维曲线绘制完成后，我们从不同角度观察到的三维图形也是不一样的。上述程序中 view (az, el) 用来设置观察立体图形的视角，如图 3.14 所示，视点位置可由方位角和仰角表示。参数 az (Azimuth) 表示方位角又称旋转角，它是视点位置在 XY 平面上的投影与 Y 轴形成的角度，单位是度，取值为 $-180 \sim 180$，计算起点是负 Y 轴，正值表示逆时针，负值表示顺时针。参数 el (Elevation) 表示仰角又称俯视角，取值为 $-90 \sim 90$，计算起点是 XY 平面，正值表示视点在 XY 半面上方，负值表示视点在 XY 半面下方。进行三维观察时的默认值是 $\text{az} = -37.5$，$\text{el} = 30$，进行二维观察时的默认值是 $\text{az} = 0$，$\text{el} = 90$。

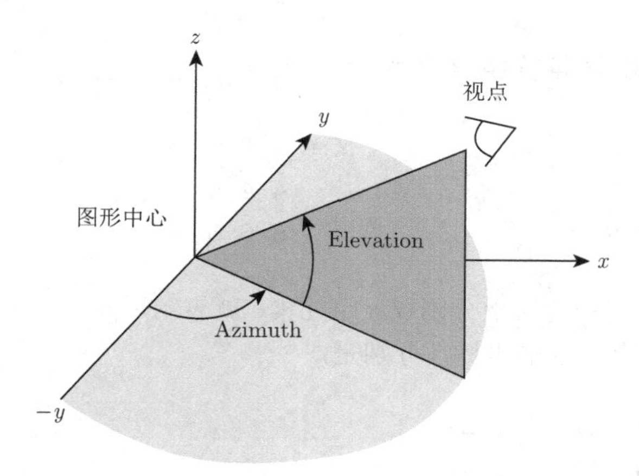

图 3.14 视角的示意图

2. 绘制空间曲面

画空间曲面相对复杂，先要建立相应的**数据网格**，原因是：描述曲面上所有的点，要先给出 XY 平面上每个点的坐标 (x, y)，而 x, y 值都在一个平面内变化，所以描述 x, y 实际上是用了两个矩阵，即矩阵 $\boldsymbol{X}$ 和矩阵 $\boldsymbol{Y}$，如图 3.15 所示。这种矩阵的结构有些特殊，**$\boldsymbol{X}$ 的每一列的值相同，$\boldsymbol{Y}$ 的每一行的值相同**，这种结构的两个矩阵就组成了所谓的二维数据网格。二维数据网格不但在绘制空间曲面时必不可少，而且在产生空间曲面数据过程中也是必需的。在 MATLAB 中用指令 meshgrid 来生成矩阵网格。

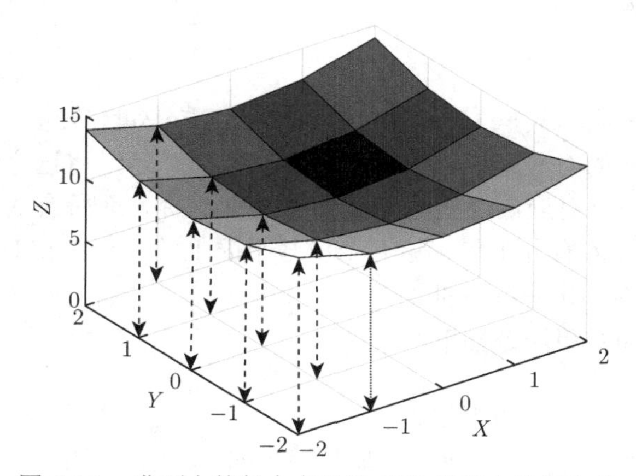

图 3.15 曲面上的每个点对应 XY 平面上的每个点

例 3.15 下面是 $x = 1, 3, 5$, $y = 2, 4, 6$ 时生成数据网格的语句：

```
[X,Y]=meshgrid(1:2:5,2:2:6)
```

```
X = 1 3 5          Y = 2 2 2
    1 3 5              4 4 4
    1 3 5              6 6 6
```

由 $\boldsymbol{X}$，$\boldsymbol{Y}$ 在对应位置上分别取一个元素，就表示平面上一个点的坐标，所以 $\boldsymbol{X}$，$\boldsymbol{Y}$ 共代表了九个点的坐标，分别是：

```
(1, 2)  (3, 2)  (5, 2)
(1, 4)  (3, 4)  (5, 4)
(1, 6)  (3, 6)  (5, 6)
```

我们再看一个例子。

例 3.16 矢量和数据网格生成的函数值。

```
z=x.^2+2*y
Z=X.^2+2*Y
```

```
z = 5    17    37

Z = 5    13    29
    9    17    33
    13   21    37
```

上面的例子表明由矢量 x，y 生成的函数 z 仍是矢量，矢量 z 只有三个值；而数据网格 X 和 Y 的对应元素给出一个点的坐标 (x, y)，将这个值代入表示空间曲面的函数中去，就对应曲面上一个空间点的 z 坐标，而所有的 z 坐标也组成了一个矩阵 Z，矩阵 Z 有九个值，这九个值与平面上的九个点相对应，所以利用数据网格 X，Y 才能画出空间的曲面。

画空间曲面的常用指令如下：

mesh	画网线图
meshz	画网线图再加基准平面
meshc	画网线图再加等高线
surf	画表面图
surfc	画表面图再加等高线

画空间曲面的三个步骤：构造数据网格，建立作图函数，用指令画图。下面我们来看一个通过指令 surf 绘制空间曲面的例子，所绘图形如图 3.16 所示。作图程序如下：

```
1  %画空间曲面三步骤:
2  [X,Y]=meshgrid(-8:0.5:8);      %构造数据网格
3  R=sqrt(X.^2+Y.^2)+eps;         %建函数
4  Z=sin(R)./R;
5  surf(X,Y,Z)                    %画图
6  xlabel('X');ylabel('Y');zlabel('Z');
7  grid on
```

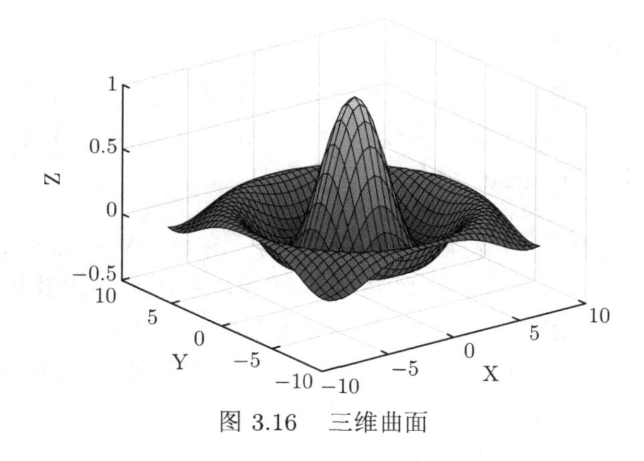

图 3.16 三维曲面

这里画空间曲面的时候用到了指令 surf，可以将其换成画空间曲面的其他指令以体会它们之间的区别，下面是一个运用指令 surfc 画抛物面的例子。

例 3.17 用 surfc 指令画抛物面。程序如下:

```
1  cc
2  x=-1:0.05:1;y=-1:0.05:1;
3  [X,Y]=meshgrid(x,y);
4  Z=X.^2+Y.^2;
5  surfc(X,Y,Z)
6  colormap(pink)
7  zlim([0,1])
```

结果如图 3.17 所示。

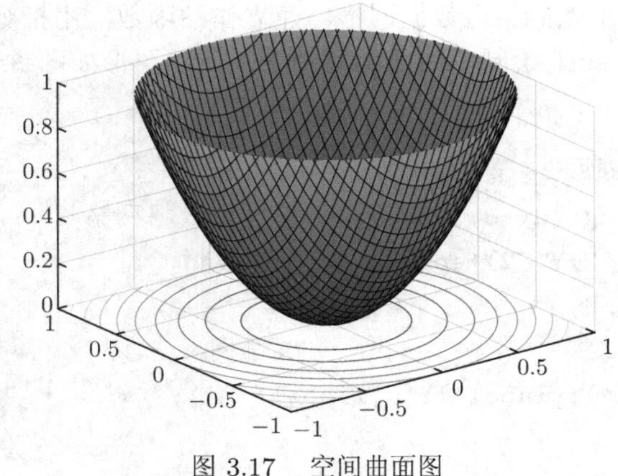

图 3.17　空间曲面图

3. 等值线标示二维标量场

三维曲面实际功能是标示二维标量场，这个功能也可以通过等值线指令来实现，比如指令 contour 画平面等值线，指令 contourf 绘制等值线的同时还在等值线内填充颜色。指令 contour 具体格式如下：

contour(X,Y,Z)	数据网格 X，Y 用于存放 XY 平面内的离散点坐标 矩阵 Z 用于存放 XY 平面各点的函数值
contour(X,Y,Z,N)	整数 N 用于设置等高线分级数
[C,H]=contour(...)	返回等值线矩阵 C 和等值线对象 H
clabel(C,H)	为等值线标数值
colorbar	插入颜色栏

例 3.18　用 contour 指令画等值线，等值线标示的是一个二维抛物势场。程序如下：

```
1  cc
2  x=-1:0.01:1;y=-1:0.01:1;
3  [X,Y]=meshgrid(x,y);
4  Z=X.^2+Y.^2;
5  [C,H]=contour(X,Y,Z,10,'b')
6  clabel(C,H)
7  axis equal
```

结果如图 3.18 所示。

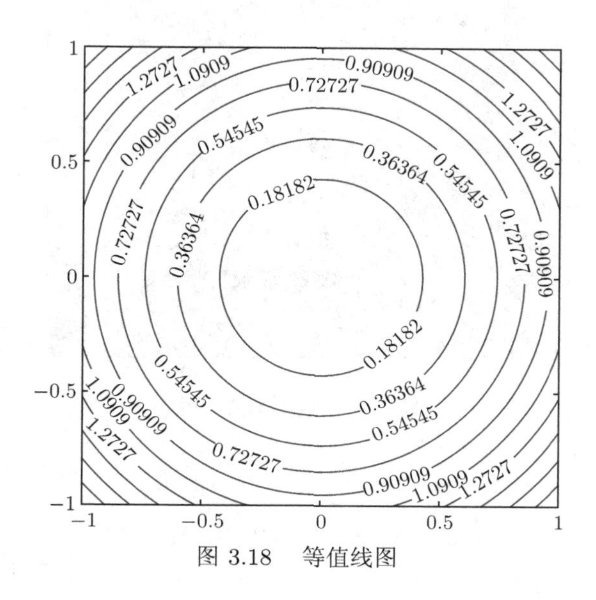

图 3.18 等值线图

例 3.19 利用指令 contourf 绘制填色等值线。具体程序如下：

```
z=peaks;                 %返回一个 49 × 49 的矩阵
[c,h]=contourf(z);%绘制填色等值线
                         %同时返回等值线矩阵 c 和等值线对象 h
clabel(c,h);
colorbar;                %为等值线标数值；插入颜色栏
colormap(pink);          %colormap 设置颜色参数，详见图像显示章节
```

程序调用的函数 peaks 是 MATLAB 为演示程序所建立的一个函数，可以产生一个 49×49 的矩阵，也可以用 edit peaks 查看程序的内容。结果如图 3.19 所示。

习题 3.5 用 plot3 绘制一个正方体 (图 3.20)。

习题 3.6 根据表达式 $z = x^2y$ $(-1 \leqslant x \leqslant 1, 0 \leqslant y \leqslant 2)$：(1) 利用指令 contour 画等值线 (标数值)；(2) 利用指令 surf 绘制曲面的图形。(要求：用 subplot 指令，将两个图形放在一个图形窗口中。)

习题 3.7 利用指令 mesh 绘制 $z = 4x\mathrm{e}^{-x^2-y^2}$ 在平面 $x, y \in [-3, 3]$ 上的三维网格曲面。

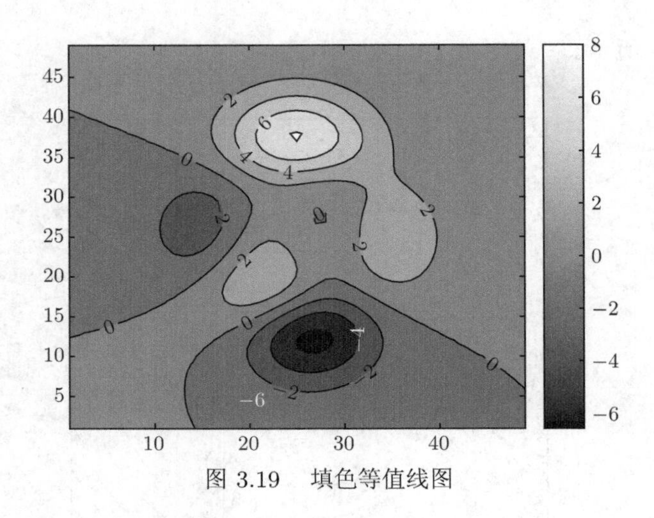

图 3.19 填色等值线图

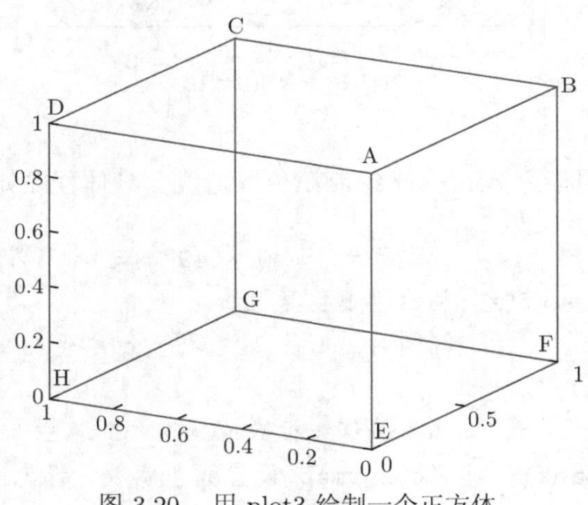

图 3.20 用 plot3 绘制一个正方体

3.3.5 图像显示

与数据作图相比，用图像显示的方式将计算结果进行可视化，可以更直观地表示研究对象的形状和颜色。MATLAB 具有丰富的图像显示功能，下面通过图像显示函数 imagesc 举例说明图像显示的过程。

函数 imagesc 是将矩阵元素用颜色显示而形成图像，自动将矩阵数据比例化，以全色图的方式显示。函数 imagesc 具体格式如下：

`imagesc(C)` 将矩阵 C 显示为图像；矩阵 C 的每个元素对应于图像中的一个矩形区域

imagesc(x,y,C) 使用向量 x 和 y 指定 x 轴和 y 轴的边界

例 3.20 双缝干涉实验装置如图 3.21 所示 [1]。波长为 λ，振幅为 A_0 的单色光通过间距为 d 的两个狭缝，在屏幕上形成干涉条纹。两束光在屏幕上的光程差为

$$\Delta L = L_1 - L_2 = \sqrt{\left(y - \frac{d}{2}\right)^2 + z^2} - \sqrt{\left(y + \frac{d}{2}\right)^2 + z^2}$$

形成的相位差为

$$\theta = 2\pi \frac{\Delta L}{\lambda}$$

在屏幕上干涉光振幅为

$$E_0 = \sqrt{E_1^2 + E_2^2 + 2E_1E_2\cos(\theta)}$$

在屏幕上干涉光光强为

$$I \propto E_0^2 = A_0^2 + A_0^2 + 2A_0^2\cos(\theta) = 4A_0^2\cos^2\frac{\theta}{2}$$

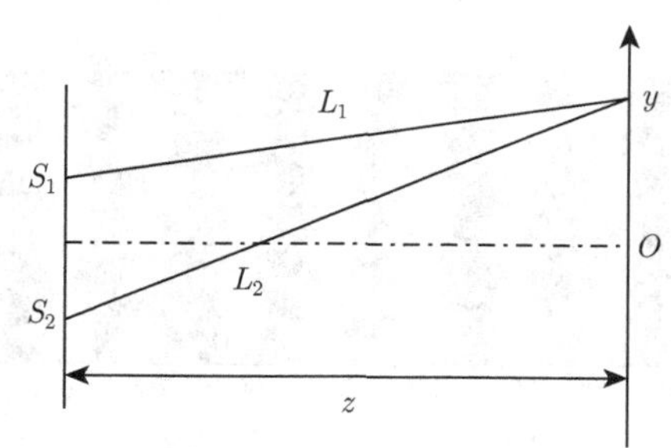

图 3.21 双缝干涉实验示意图

图像显示程序如下：

```
1  % f2015090601.m
2  clear all
3  ym=1.25;                    %屏幕上观测点离中心的最大距离
4  y=linspace(-ym,ym,1001);    %屏幕上取 1001 个观测点
5  d=2;                        %两个光源距离
6  z=1000;                     %屏幕到缝的距离
7  lambda=5e-4;                %设置光的波长
8  L1=sqrt((y-d/2).^2+z^2);    %屏幕上一点到两个光源的距离
9  L2=sqrt((y+d/2).^2+z^2);
```

```
10  phi=2*pi*(L2-L1)/lambda;   %计算相位差
11  I=4*(cos(phi/2).^2);       %利用相位差计算光强
12  subplot(2,1,1)
13  plot(y,I)                  %用曲线表示干涉条纹
14  axis([-1.25 1.25 0 4])
15  subplot(2,1,2)
16  imagesc(I);                %以图案表示干涉条纹
17  colormap(gray);            %用灰色显示图案
```

所得图像如图 3.22 所示。

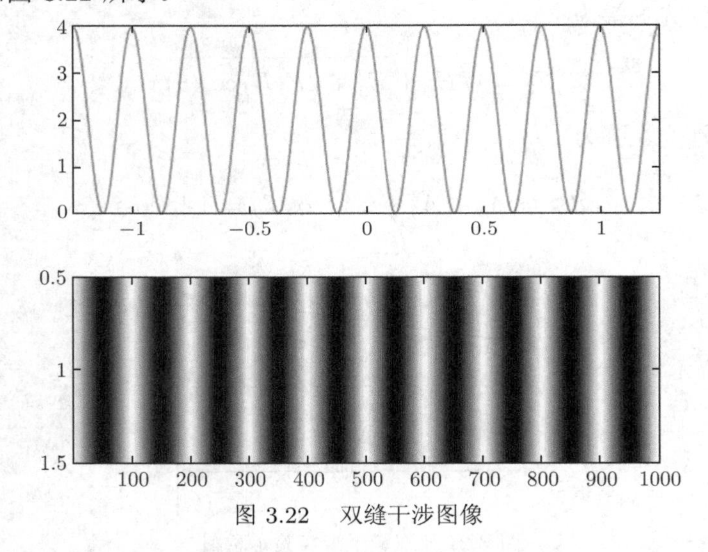

图 3.22 双缝干涉图像

函数 colormap 可以设置颜色参数，这些参数可取 gray，hot，cool 等，更多颜色参数如图 3.23 所示。

例 3.21 在光学上，牛顿环是一个薄膜干涉现象。在加工光学元件时，广泛采用牛顿环的原理来检查平面或曲面的面型准确度。牛顿环干涉原理如图 3.24 所示，下部为平面玻璃，上部为平凸透镜，在二者中部接触点的四周则是平面玻璃与凸透镜所夹的空气气隙。当平行单色光垂直入射于平凸透镜的平表面时，在空气气隙的上下两表面所引起的反射光线形成相干光，呈现出一些明暗相间的同心圆环，这些同心圆环被称为牛顿环。其中，入射光波长为 λ，平凸透镜和平面玻璃之间的距离为 d，平凸透镜曲率半径为 R，牛顿环花纹半径为 r。干涉圆环光强的推导过程与上面例题类似，干涉光光强为

$$I = I_1 + I_2 - 2\sqrt{I_1 I_2}\cos\left(\frac{2\pi r^2}{\lambda R}\right)$$

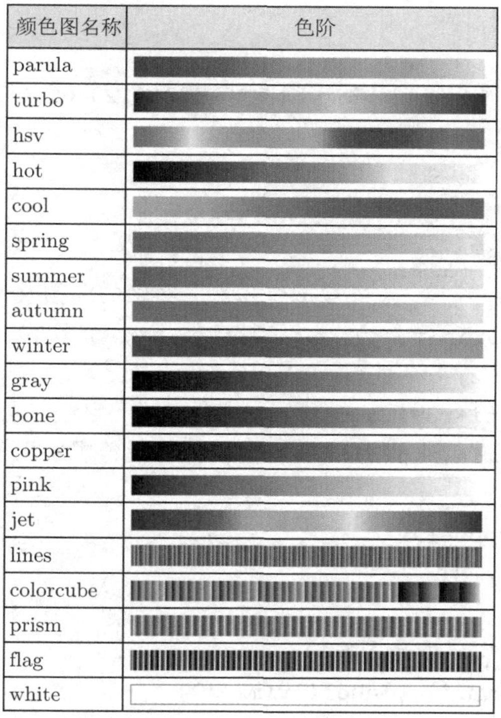

颜色图名称	色阶
parula	
turbo	
hsv	
hot	
cool	
spring	
summer	
autumn	
winter	
gray	
bone	
copper	
pink	
jet	
lines	
colorcube	
prism	
flag	
white	

图 3.23 colormap 颜色参数 (彩色图片请参考 MATLAB 帮助系统)

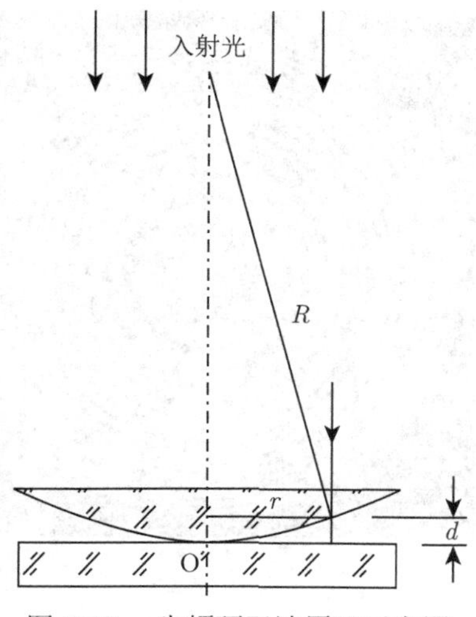

图 3.24 牛顿环干涉原理示意图

程序如下：

```
1  %program 画出牛顿环的干涉图像 f2014120401.m
2  cc
3  lambda=589.3e-9;
4  R=0.8551;                     %单位: m
5  x=-3:0.01:3;                  %单位: mm
6  y=x;                          %设定两轴的范围及间隔
7  [X,Y]=meshgrid(x, y);         %产生 n×n 个网格点的坐标
8  r2=X.^2+Y.^2;
9  B=2*cos(2*pi*r2*1.e-6/R/lambda);        %光强的计算
10 B(r2>7.8)=min(min(B));        %模拟显微镜观察图像
11 figure
12 colormap(copper)
13 imagesc(x,y,B)
14 axis equal
15 title(' 牛顿环干涉图像');
16 xlabel('x(mm)');ylabel('y(mm)');
```

输出图形如图 3.25。

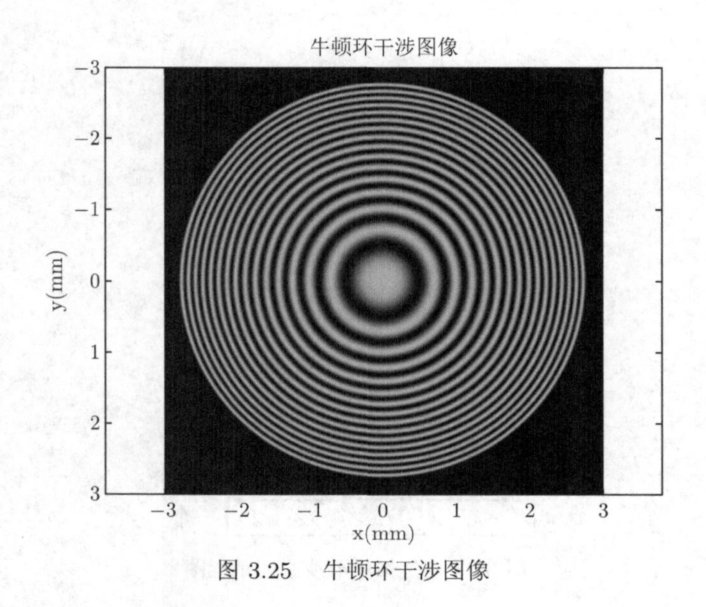

图 3.25　牛顿环干涉图像

除了利用图像显示函数 imagesc，有些时候还可以直接利用作图指令模拟物理现象，下面是一个模拟水波干涉图像的例子。

例 3.22 画出水波干涉图像。设在水面上有两个上下振动的水波振源，间距为 $a=4$，振幅分别为 $A_0=1$ 和 $A_1=1$，振动频率为 $\omega=4$，波长为 2π。下面为具体程序：

```
1  %program   画出表面水波的干涉图像 f2014112701.m
2  a=4;w=4;A0=1;A1=1;k=1;     %水波源的位置及方程各参量
3  [x,y]=meshgrid(-4*pi:pi/50:4*pi,-4*pi:pi/20:4*pi);
4                              %产生网格坐标
5  r1=sqrt((x-a).^2+y.^2)+5;%空间点(x,y)到波源1(a,0)的距离
6  c1=1./r1;                   %波源1传播到各点的振幅
7  r2=sqrt((x+a).^2+y.^2)+5;%空间点(x,y)到波源2(-a,0)的距离
8  c2=1./r2;                   %波源2传播到各点的振幅
9  t=0:0.1:10;                 %设定运行时间
10 figure
11 for j=1:91
12     z=A0*c1.*cos(w*(t(j)-k*r1))+A1*c2.*cos(w*(t(j)-k*r2));
13                             %波动叠加
14     surf(x,y,z);            %绘制波动叠加曲面
15     colormap(bone);         %创建线性灰色阶图给图形表面着色
16     axis equal;             %使每个坐标轴的刻度增量相同
17     shading interp;
18     view(50,36);            %在方位角 50 度，仰角 36 度观察图形
19     axis off;               %去掉坐标轴
20     title([' 剩余传播时间 (秒):',num2str(fix((91-j)*...
21         0.2))],'fontsize',20,'Color','r')
22     pause(0.2)
23 end
```

程序中，利用重复执行 surf 指令产生了水波的动态效果。另外，命令 shading 用于设置曲面属性，有三种常用设置：shading interp 为着色光顺性最好，shading flat 为网格线分块，shading faceted 为默认着色方式且网格线是黑色。输出图形如图 3.26 所示。

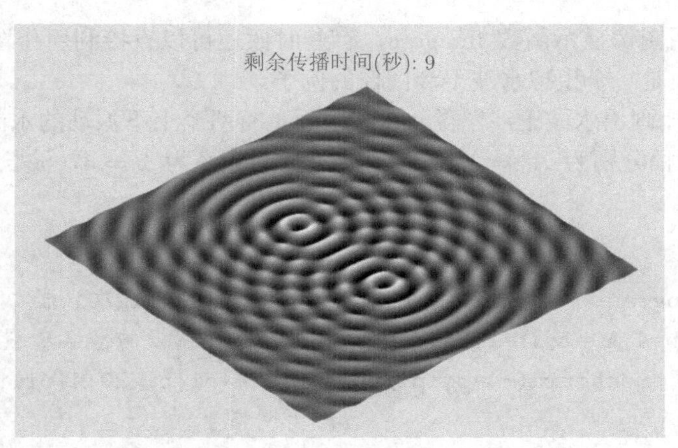

图 3.26　水波的干涉图像

第 4 章　数值微分与数值积分

物理研究过程中经常需要对物理量进行求导或积分，例如：力学中，对位移进行一阶求导可以获得速度，对位移进行二阶求导可以获得加速度，反之，对加速度进行积分可以获得速度，对速度进行积分可以获得位移；电磁学中，静电势的一阶导数是电场强度，静电势的二阶导数是静电荷分布，反之，静电荷分布的积分是静电场的电场强度，电场强度的积分是静电势。在以往物理知识的学习中，求导是先求出函数的导函数，再将变量值代入导函数中，得到该处的导数值；而求定积分则是先求出不定积分公式，再将积分上下限代入不定积分公式得到定积分的值。这些运算都要通过公式推导即解析计算来完成。

然而，在大多数实际物理问题中，难以得到求导过程中的导函数和求积分过程中的原函数，甚至有些物理问题一开始就没有提供求导函数或求积分函数的解析形式，只是以数据的形式来表征物理过程。在上述情况下，数值微分与数值积分就可以发挥作用了。与数学推导不同，数值微分与数值积分是近似的数值计算，不必求出导函数或不定积分公式，而是利用数值微分算法计算导数，利用数值积分算法计算定积分。由于实际的物理问题一般无法用解析形式来描述，对于处理物理问题而言，数值微分方法与数值积分方法是必不可少的，也是非常实用的。

4.1　数 值 微 分

用函数在一些离散点上的值推算函数在某点处导数近似值的问题称为数值微分。常用的数值微分方法有 [6]：差商型数值微分方法、从低阶微分公式推导高阶微分公式的外推法和利用插值多项式的插值型微分方法。下面仅对最简单的差商型数值微分方法进行介绍。

4.1.1　差商型数值微分

设 h 是小量，将函数 $f(x+h)$ 在点 x 进行泰勒级数展开

$$f(x+h)=f(x)+hf'(x)+\frac{h^2}{2!}f''(x)+\cdots+\frac{h^n}{n!}f^{(n)}(x)+\cdots \tag{4.1}$$

如果取 $f(x)$ 的一阶数值微商为

$$f'(x)=\frac{f(x+h)-f(x)}{h} \tag{4.2}$$

称为微分的欧拉方法，这是两点微商公式，是用向前差商近似微商。根据式 (4.1)、式 (4.2) 的误差是 h 一次方的数量级，称为一阶精度。由泰勒展开

$$f(x-h)=f(x)-hf'(x)+\frac{h^2}{2!}f''(x)+\cdots+\frac{(-h)^n}{n!}f^{(n)}(x)+\cdots \tag{4.3}$$

可以用向后差商近似微商

$$f'(x)=\frac{f(x)-f(x-h)}{h} \tag{4.4}$$

这仍是一阶精度的一阶数值微商两点公式。如果将式 (4.1) 和式 (4.3) 相减，就会得到用中心差商近似的一阶数值微商公式

$$f'(x)=\frac{f(x+h)-f(x-h)}{2h} \tag{4.5}$$

这是二阶精度的三点公式。

对于泰勒展开

$$f(x+2h)=f(x)+2hf'(x)+\frac{(2h)^2}{2!}f''(x)+\cdots+\frac{(2h)^n}{n!}f^{(n)}(x)+\cdots \tag{4.6}$$

由式 (4.1) 和式 (4.6) 可得到如下关系的二阶精度的三点微商公式：

$$f'(x)=\frac{-f(x+2h)+4f(x+h)-3f(x)}{2h} \tag{4.7}$$

类似地，可以得到多点一阶近似微商公式。

利用式 (4.1) 和式 (4.3) 相加，可得到二阶精度的二阶微商的中心差商公式

$$f''(x)=\frac{f(x+h)-2f(x)+f(x-h)}{h^2} \tag{4.8}$$

4.1.2 MATLAB 数值微分指令

1. 差分运算指令 diff

在数值计算中，差分 $\Delta x=x_{n+1}-x_n$ 是微分 $\mathrm{d}x$ 的近似，而差商是函数的差分除以自变量的差分 $\Delta y/\Delta x$，是导数 $\mathrm{d}y/\mathrm{d}x$ 的近似。

计算矩阵差分的指令是 diff。对矢量进行 diff 运算是矢量元素后项减前项，结果会比原矢量少一个元素。对矩阵进行 diff 运算是对列矢量作差分。比如：

```
a=[1,4,5,-2];
diff(a)    %矢量的差分是后项减前项，结果会比原来少一个元素
```

显示结果为：

```
ans = 3 1 -7
```

```
b=[0.95013, 0.48598;
   0.23114, 0.8913;
   0.60684, 0.76211];
diff(b)    %对矩阵求差分是对列矢量作差分
```

显示结果为：

```
ans = -0.71899       0.40532
         0.3757       -0.1292
```

下面通过一个例题，介绍利用差分运算指令 diff 进行数值求导。

例 4.1 利用 diff 指令对一组数据求导。先用一个函数表达式产生一组数据，以 $y=x^2$ 为例，在区间 $[0,5]$ 上产生数据。程序如下：

```
1  clc;clear all;close all;
2  x=0:1.0:5;
3  y=x.^2;
4  dydx=diff(y)/1.0;
5  %----
6  figure
7  plot(x,y,'k-o',x(2:end),dydx,'r-*')
8  xlabel('x')
9  ylabel('y')
10 legend('x^2','x^2 的导数')
11 grid on
```

输出图形如图 4.1 所示。随着步长 h 的减小，截断误差 $O(h)$ 也会减小，计算结果的精度会提高。

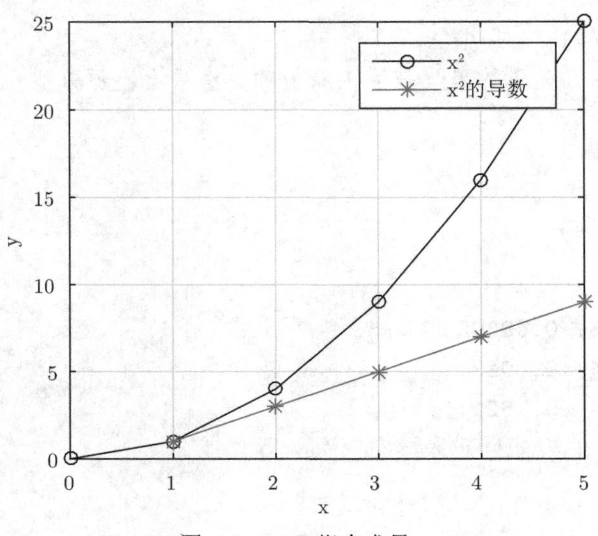

图 4.1 diff 指令求导

2. 梯度运算指令 gradient

两变量函数 $F(x,y)$ 的梯度定义为

$$\nabla F=\frac{\partial F}{\partial x}\hat{i}+\frac{\partial F}{\partial y}\hat{j}$$

计算矩阵梯度的指令是 gradient。对一维矢量 L 的 gradient(L) 运算是用数值微分的中心差商公式进行计算，在端点则取其向前差商值或向后差商值。自变量就是矩阵元素的编号，所以步长是 1。如果自变量的步长不是 1，则所得结果还要除以自变量的增量值才能得到导数值，或者采用包含步长的指令 gradient(L, h)。对矩阵的 gradient 运算会得到行向量与列向量两个方向的偏导数。比如：

```
1  A=[1   6   2   2   7;
2      2   7   4   2   7;
3      3   8   4   2   7;
4      4   9   4   2   7;
5      5   1   8   3   4]
6  [px, py]=gradient(A)
```

显示结果为：

```
px = 5   0.5  -2    2.5   5 %行向量的偏导数，第一行第一个元素 5=6-1
     5   1.0  -2.5  1.5   5 %第二行第二个元素 1.0=(4-2)/2
```

```
     5   0.5  -3.0  1.5    5 %第三行第五个元素 5=7-2
     5   0.0  -3.5  1.5    5
    -4   1.5   1   -2.0    1
py = 1   1.0   2    0      0 %列向量的偏导数，第三列第一个元素 2=4-2
     1   1.0   1    0      0 %第二列第二个元素 1.0=(8-6)/2
     1   1.0   0    0      0
     1  -3.5   2    0.5  -1.5 %第五列第四个元素-1.5=(4-7)/2
     1  -8.0   4    1.0  -3.0 %第五列第五个元素-3.0=4-7
```

通过上面的注释语句，可以看出：指令 gradient(A) 对矩阵行向量和列向量分别进行运算，在向量内部运用中心差商公式，在向量端点则运用差商公式。

例 4.2 利用 gradient 指令对一组数据求导。我们先利用一个函数表达式产生一组数据，以 $y = x^2$ 为例，在区间 $[0, 5]$ 上产生数据。程序如下：

```
1  clc;clear all;close all;
2  x=0:1.0:5;
3  y=x.^2;
4  dx=gradient(y,1.0);
5  %----
6  figure
7  plot(x,y,'k-o',x,dx,'r-*')
8  xlabel('x')
9  ylabel('y')
10 legend('x^2','x^2 的导数')
11 grid on
```

输出图形如图 4.2 所示。随着步长 h 的减小，截断误差 $O(h^2)$ 也会减小，计算结果的精度会提高。

3. 拉普拉斯算符指令 del2

两变量函数 $u(x, y)$ 的拉普拉斯算符可定义为

$$\Delta u = \nabla^2 u = \frac{\partial^2 u}{\partial x^2} + \frac{\partial^2 u}{\partial y^2}$$

拉普拉斯算符指令是 del2，具体格式为：D = del2(U, h)，其中，U 是一个矩阵，h 是自变量步长，D 是矩阵 U 的一个同型矩阵。利用二阶微商的中心差商公式，

矩阵 D 内部的各个元素是

$$\mathrm{D}_{ij} = \left[\frac{1}{4}(U_{i+1,j} + U_{i-1,j} + U_{i,j+1} + U_{i,j-1}) - U_{ij}\right] \Big/ h^2$$

需要注意的是，在得到矩阵 D 边缘元素的过程中，为了提高精度，指令 del2 采用了更加复杂的数值微分算法。

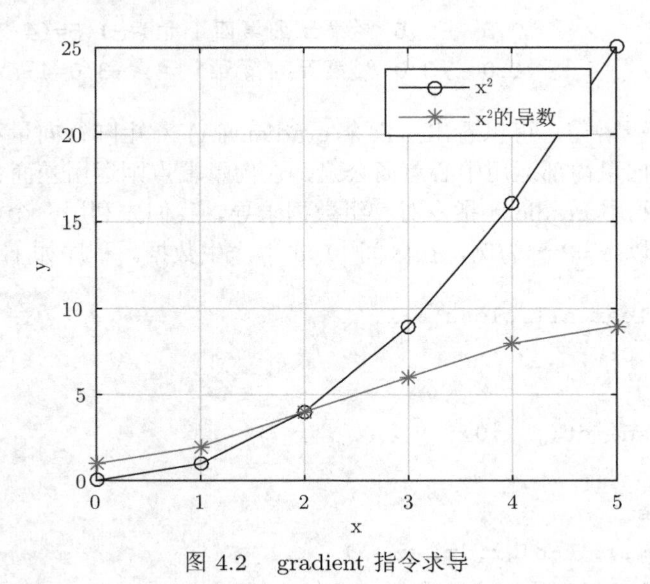

图 4.2　gradient 指令求导

例 4.3　利用指令 del2 对函数 $U(x,y) = (x^2 + y^2)$ 进行 ΔU 运算：

```
1  h=2
2  [x,y]=meshgrid(-4:h:4,-6:h:6);
3  U=x.*x+y.*y
4  V=4*del2(U,h)
```

显示结果为：

```
U =
      52    40    36    40    52
      32    20    16    20    32
      20     8     4     8    20
      16     4     0     4    16
      20     8     4     8    20
```

```
      32    20    16    20    32
      52    40    36    40    52
V =
       4 4 4 4 4
       4 4 4 4 4
       4 4 4 4 4
       4 4 4 4 4
       4 4 4 4 4
       4 4 4 4 4
       4 4 4 4 4
```

上面的例子表明，程序 4*del2(U) 算得的结果是 4，与解析运算 $\Delta U=4$ 的结果相等，可见两者是等效的。

例 4.4 利用指令 del2 对一组数据求二阶导数。我们先利用一个函数表达式产生一组数据，以 $y=x^3$ 为例，在 $0\leqslant x\leqslant 2$ 上产生数据。程序如下：

```
1  clc;clear all;close all;
2  x=0:0.1:2;
3  y=x.^3;
4  dx=4*del2(y,0.1);
5  %----
6  figure
7  plot(x,y,'k-o',x,dx,'r-*')
8  xlabel('x')
9  ylabel('y')
10 legend('x^3','x^3 的二阶导数')
11 grid on
```

输出图形如图 4.3 所示。根据公式 (4.8)，截断误差为 $O(h^2)$。

习题 4.1 分别用指令 diff 和 gradient 对函数 $y=\mathrm{e}^{-x}+100x$ 在区间 $[0,3]$ 上进行数值求导，步长为 0.1，并和解析解 $y'=100-\mathrm{e}^{-x}$ 作图比较。

习题 4.2 用指令 del2 对函数 $y=50x^2-\mathrm{e}^{-x}$ 在区间 $[0,5]$ 上进行数值求导，步长为 0.5，并和解析解 $y'=100-\mathrm{e}^{-x}$ 作图比较。

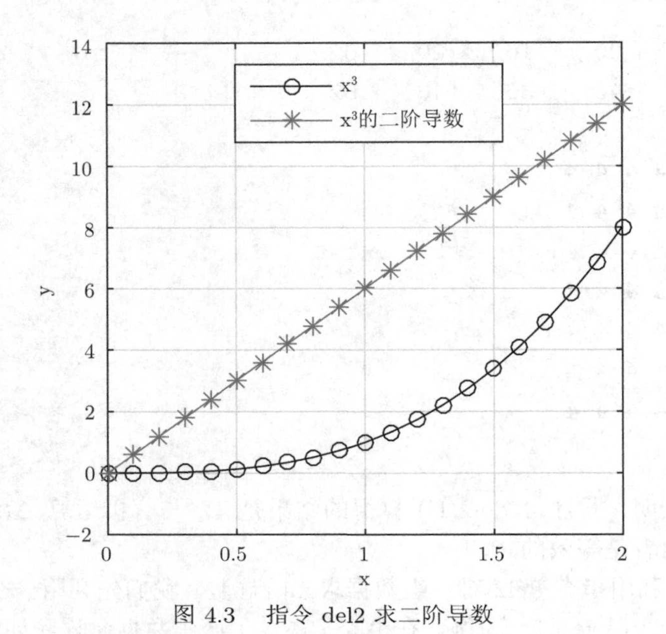

图 4.3　指令 del2 求二阶导数

4.2 数值积分

4.2.1 数值积分概述

在数学上，一般利用牛顿-莱布尼茨 (Newton-Leibniz) 公式

$$I(f)=\int_a^b f(x)\mathrm{d}x=F(b)-F(a)$$

计算函数 $f(x)$ 在区间 $[a,b]$ 上的积分。这里，函数 $F(x)$ 是被积函数的原函数，即 $F'(x)=f(x)$。在实际定积分计算中经常会遇到以下三种情况：① 很难得到被积函数的原函数；② 虽然被积函数的原函数存在，但不能用初等函数表示成有限形式；③ 被积函数没有具体的表达式，其函数关系可能是数据列表或图形等。这时，就必须采用数值积分方法。

数值积分是指，在积分区间 $[a,b]$ 上适当地取一些点 x_i $(i=0,1,\cdots,n)$，用被积函数在这些点处的函数值 $f(x_i)$ $(i=0,1,\cdots,n)$ 的加权平均得到近似积分，即

$$\int_a^b f(x)\mathrm{d}x=\sum_{i=0}^{n} f(x_i)\omega_i$$

式中，权重因子 ω_i 的不同取法给出不同的数值积分方法。

数值积分就是用被积函数在积分区间内一些离散节点处函数值的线性组合来计算积分的近似值，把定积分的计算转化为函数值的计算，从而避免了应用牛顿-莱布尼茨公式必须求解原函数的困难，并为借助计算机计算积分的近似值提供了简便可行的途径。

4.2.2 牛顿-科茨数值积分方法

牛顿-科茨 (Newton-Cotes) 方法是最常用的数值积分方法，其数学原理概括来说就是：将积分区间 $[a,b]$ 分成 n 等份并取积分节点，用 n 次拉格朗日插值多项式近似代替被积函数。此处，略去牛顿-科茨通用公式的数学推导证明，直接给出两种常用的低阶牛顿-科茨数值积分公式。

1. 梯形积分公式

当 $n=1$ 时, 步长 $h=b-a$, 有两个积分节点 $x_0=a$, $x_1=b$，权重因子 $\omega_0=\dfrac{1}{2}h$, $\omega_1=\dfrac{1}{2}h$，积分公式

$$I_1(f)=f(x_0)\omega_0+f(x_1)\omega_1=\frac{h}{2}[f(a)+f(b)] \tag{4.9}$$

称为梯形积分公式，其几何意义为函数曲线下梯形的面积，如图 4.4(a) 所示。

2. 辛普森积分公式

当 $n=2$ 时，步长 $h=(b-a)/2$，有三个积分节点 $x_0=a$, $x_1=(b+a)/2$, $x_2=b$，权重因子 $\omega_0=\dfrac{1}{3}h$, $\omega_1=\dfrac{4}{3}h$, $\omega_2=\dfrac{1}{3}h$，积分公式

$$\begin{aligned} I_2(f) &= f(x_0)\omega_0+f(x_1)\omega_1+f(x_2)\omega_2 \\ &= \frac{h}{3}\left[f(a)+4f\left(\frac{a+b}{2}\right)+f(b)\right] \end{aligned} \tag{4.10}$$

称为辛普森积分公式，其几何意义为抛物曲线下图形的面积，如图 4.4(b) 所示。

梯形积分公式和辛普森积分公式是牛顿-科茨公式最简单的两个情形。类似地，取 $n=4$ 时得到的积分公式称为科茨公式。随着积分区间的增大，计算误差会增大；随着插值多项式阶数的提高，计算误差会减小。由于高阶多项式插值的数值不稳定性，通常并不采用高阶的牛顿-科茨公式。

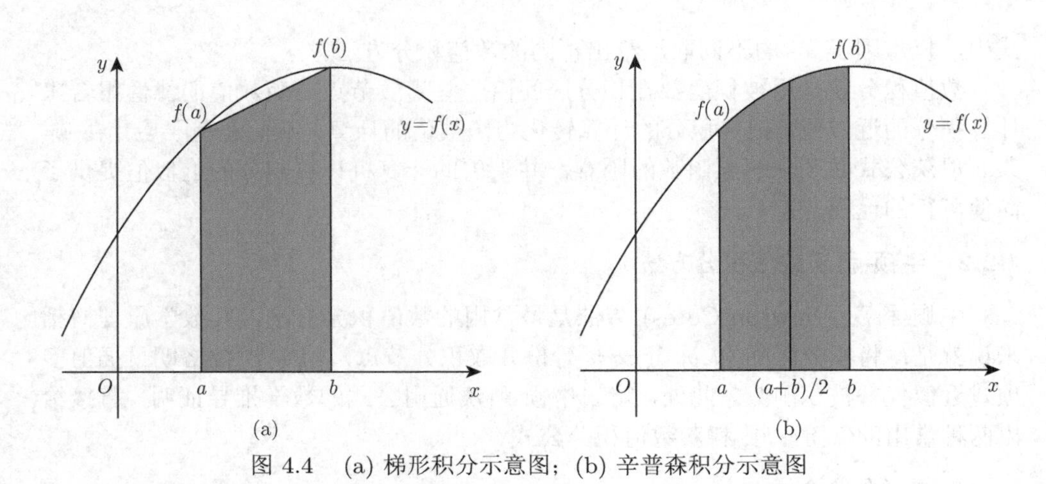

图 4.4　(a) 梯形积分示意图；(b) 辛普森积分示意图

4.2.3　复化积分方法

为了克服插值型积分两方面的不足：高阶积分可能出现的数值计算不稳定和低阶积分的结果精度低，经常把积分区间 $[a,b]$ 分成若干个小区间，在每个小区间上使用低阶的牛顿-科茨积分公式，如梯形积分公式或辛普森积分公式，然后把结果加起来得到整个区间上的积分公式，这种积分公式称为复化积分公式。相应地，可以发展出复化梯形积分公式、复化辛普森积分公式和复化科茨积分公式。

将区间 $[a,b]$ 等分成 n 个子区间，取等距节点

$$x_i = a + ih, \quad i = 0, 1, \cdots, n$$

由公式 (4.9) 不难得出复化梯形积分公式

$$T_n = \frac{h}{2}\left(f(a) + 2\sum_{i=1}^{n-1} f(x_i) + f(b)\right) \tag{4.11}$$

公式 (4.11) 表示在求和过程中，两个端点函数值的系数是 $h/2$，中间各点函数值的系数是 h。

例 4.5　根据复化梯形积分公式 (4.11) 编写 MATLAB 积分函数程序，并调用程序计算：

$$\int_0^1 [1 + \mathrm{e}^{-x}\sin(4x)]\mathrm{d}x$$

解　首先编写一个复化梯形积分公式的子函数，程序如下：

```
function i=trapi(x,y)
  %输入: x---自变量的等距节点向量
  %       y---被积函数在节点处的函数值向量
  %输出: i---数值积分计算结果
  n=length(x); m=length(y);
  if n~=m
    error(' 错误: 向量 x 与向量 y 的长度不相等。')
  end
  h=(x(n)-x(1))/(n-1);
  i=h/2*[y(1)+2*sum(y(2:n-1))+y(n)];
end
```

数值计算整体程序如下:

```
function f2018092901
clear all;clc; close all;
x=0:0.1:1;
y=1+exp(-x).*sin(4*x);
format long g
disp(' 用复化梯形公式积分值为: ')
I=trapi(x,y)
end
function i=trapi(x,y)
(略)
end
```

输出结果是:

```
I = 1.30434059355336
```

积分的准确值为

$$\int_0^1 [1+\mathrm{e}^{-x}\sin(4x)]\mathrm{d}x = \frac{21\mathrm{e}-4\cos 4-\sin 4}{17\mathrm{e}} = 1.3082506046426$$

通过比较可知，数值计算结果精确到了小数点后第一位。

将区间 $[a,b]$ 等分成 $2n$ 个子区间，取等距节点

$$x_i = a+ih, \quad i=0,1,\cdots,2n$$

由公式 (4.10) 可得复化辛普森积分公式

$$S_n = \frac{h}{3}\left(f(a) + 4\sum_{i=0}^{n-1} f(x_{2i+1}) + 2\sum_{i=1}^{n-1} f(x_{2i}) + f(b)\right) \tag{4.12}$$

公式 (4.12) 含义可描述为：在求和过程中，两个端点函数值的系数是 $h/3$，偶数离散点 (不包括端点) 函数值的系数是 $4h/3$，奇数离散点函数值的系数是 $2h/3$。根据这个含义，不是直接根据公式 (4.12)，可以编写复化辛普森积分公式的子程序如下：

```
1  function i=simpi(x,y)
2  n=length(x);m=length(y);
3  h=(x(n)-x(1))/(n-1);
4  i=h/3*[y(1)+4*sum(y(2:2:n-1))+2*sum(y(3:2:n-1))+y(n)];
5  end
```

习题 4.3　取步长 $h = 0.01$，利用复化梯形积分程序和复化辛普森积分程序，分别计算积分

$$\int_0^1 [1 + \mathrm{e}^{-x}\sin(4x)]\mathrm{d}x$$

并分别计算两个结果的误差。(提示：精确解为 1.3082506046426。)

4.2.4　MATLAB 数值积分指令

1. 梯形积分 (trapz)

指令 trapz 是用复化梯形积分公式 (4.11) 计算定积分。对向量做 trapz 运算是把向量的每个元素当作函数值，相邻两个函数值之和除以 2 再乘以自变量的增量。在没有说明自变量及其增量时，默认元素的编号就是自变量。而对矩阵做 trapz 运算是对列矢量进行梯形积分，也可以根据需要设置积分的方向。具体格式如下：

```
Q = trapz(Y)         矩阵 Y 存放积分函数值，指令返回积分结果 Q
Q = trapz(X,Y)       矢量 X 存放积分自变量
Q = trapz(...,dim)   参数 dim 指令积分方向
```

下面是一个示例：

```
a= [1, 5, 7, 2, 3];
trapz(a)
```

显示结果为：

```
ans = 16   %向量的梯形积分即 ((1+5)+(5+7)+(7+2)+(2+3))/2=16
```

```
b =    0.95013   0.48598
       0.23114   0.8913
       0.60684   0.7621
trapz(b)      %矩阵的积分默认为对列向量积分，得出的是行向量
trapz(b,2)    %指定对行向量积分，得出的结果是列向量
```

显示结果为：

```
ans = 1.0096   1.5153
ans = 0.71806
    0.56122
    0.68447
```

```
X = 0:pi/100:pi;    %矢量 X 存放积分自变量
Y = sin(X);
Q = trapz(X,Y)
```

显示结果为：

```
Q = 1.9998
```

2. 函数积分 (integral)

如果已知积分函数，可以用指令 integral 计算定积分的数值，integral 采用全局自适应积分算法，具体用法如下：

```
q = integral(fun,xmin,xmax)
q = integral(fun,xmin,xmax,Name,Value)
```

各参量意义为：

```
fun             被积函数表达式
xmin,xmax       积分上限和积分下限
Name,Value      积分选项及选项值，如：'AbsTol',1e-12
```

由于函数积分 (integral) 把函数当作参数用，所以这类函数称为函数的函数。前面学过的作图指令 fplot 就属于函数的函数。一个函数作为参数传递给另一个函数的方法是函数句柄，是一种间接调用函数的方式，常用的具体语法有下面 4 种。

1) 用 function 定义的函数文件

调用方式是在一个由 function 定义的函数名 (或者是内部函数名) 之前加上“@”。例如：

```
function f2021
q=integral(@fun,0,3)
end
function f=fun(x)
f=exp(-x.^2).*log(x).^2;
end
```

显示结果为：

```
q = 1.9475
```

注意在函数文件中数学运算符必须要用数组运算符号，这是指令 integral 的要求。

2) 带参数的函数文件

例如：

```
function f2021
q=integral(@(x)fun(x,5),0,2)
end
function f=fun(x,c)
f=1./(x.^3-2*x-c);
end
```

显示结果为：

```
q = -0.4605
```

3) 用 @ 定义的匿名函数

例如：

```
1  cc
2  format long
3  q0=integral(@(x)2*log(x)-1,0,1)
4  fun=@(x)2*log(x)-1; %将匿名函数赋给一个变量
5  q1=integral(fun,0,1)
6  q2=integral(fun,0,1,'AbsTol',1e-5)
7        %默认误差为 1e-10, 设置误差 1e-5
```

显示结果为:

```
q0 = -3.000000021919357
q1 = -3.000000021919357
q2 = -3.000000087678596
```

4) 带参数的匿名函数

例如:

```
1  cc
2  fun=@(x,c)1./(x.^3-2*x-c);
3  q=integral(@(x)fun(x,5),0,2)
```

显示结果为:

```
q = -0.4605
```

在上述四种调用函数方式中，带参数函数的调用在后面章节求解本征值方程时将会得到应用。

3. 函数的二重积分 (integral2)

指令 integral2 是计算已知函数的二重积分，积分时要按积分变量顺序指明两个变量的积分区间。如计算

$$\int_{\pi}^{2\pi}\mathrm{d}x\int_{0}^{\pi}\mathrm{d}y(y\sin x+x\cos y)$$

的操作如下

```
1  cc
2  fun=@(x,y)y.*sin(x)+x.*cos(y); %建立积分函数
```

```
3  q=integral2(fun,pi,2*pi,0,pi)
4                          %x,y 的积分区间为 (pi,2*pi),(0,pi)
```

显示结果为:

```
q = -9.869604400888917
```

4. 函数的三重积分 (integral3)

指令 integral3 是计算已知函数的三重积分，用法与指令 integral2 一样，积分时要按积分变量顺序指明三个变量的积分区间，还可规定积分精度。可以直接将函数写在指令内，也可以另外编写一个函数文件。如计算

$$\int_0^{\pi} \mathrm{d}x \int_0^1 \mathrm{d}y \int_{-1}^1 \mathrm{d}z (y \sin x + z \cos x)$$

的操作如下:

```
1  cc
2  Q =integral3(@(x,y,z)(y.*sin(x)+z.*cos(x)),0,pi,0,1,-1,1)
```

显示结果为:

```
q = 2
```

用函数文件定义积分函数的举例如下:

```
1  function f2021
2  Q=integral3(@integrnd, 0, pi, 0, 1, -1, 1)
3  end
4  function f=integrnd(x,y,z)
5  f=y.*sin(x)+z.*cos(x);
6  end
```

显示结果为:

```
q = 2
```

习题 4.4　分别用指令 integral 和 trapz 计算积分

$$\int_0^1 \frac{x^4(1-x)^4}{1+x^2} \mathrm{d}x$$

习题 4.5 用指令 trapz 计算积分

$$\int_0^{\pi} \frac{\sin(x)}{x} \mathrm{d}x$$

提示：用分段形式编写积分函数。

习题 4.6 麦克斯韦速率分布函数为

$$f(v) = \frac{4}{\sqrt{\pi}} \left(\frac{v^2}{v_p^3}\right) \exp\left(-\frac{v^2}{v_p^2}\right)$$

其中 $v_p = \sqrt{\dfrac{2\kappa T}{m}}$ 为最概然速率。已知室温下氢分子的最概然速率 $v_p = 1578$ 米/秒，试求室温下氢分子的速率：(1) 在 $0 \sim 5v_p$ 内的分子数占总分子数的百分比；(2) 在 $0 \sim 3 \times 10^8$ 米/秒内的分子数占总分子数的百分比。

4.3 一维量子势阱中的能级

按照量子理论，粒子在量子尺度的势场中运动时，允许粒子拥有的能量是不连续的，这就是能级。本节采用半经典量子化理论，计算单粒子在一维量子势阱中运动的能级。不同于全量子化理论，半经典量子化理论是量子理论发展初期就形成的方法，尽管理论框架简单，但是在研究大尺寸量子体系时仍然具有独特的优势。本节利用数值积分的方法对上述物理问题进行求解。

4.3.1 一维量子抛物势运动的半经典量子化

1. 一维量子抛物势

研究表明，许多量子器件中束缚电子运动的栅极静电势可近似为抛物势，因此，学习抛物势量子运动的特点非常具有应用价值。同时，尽管粒子的空间运动是三维的，量子体系内的粒子运动往往可以通过绝热近似分解成一维运动，这是研究复杂量子运动的重要方法。一维抛物势可表示为

$$V(x) = V_0 \left(\frac{x}{a}\right)^2$$

其中 a 为玻尔半径，位置 $x = a$ 处，势垒高度为 V_0，抛物势形状如图 4.5(a) 所示，极小点在 $x = 0$ 处，极小值为 0。

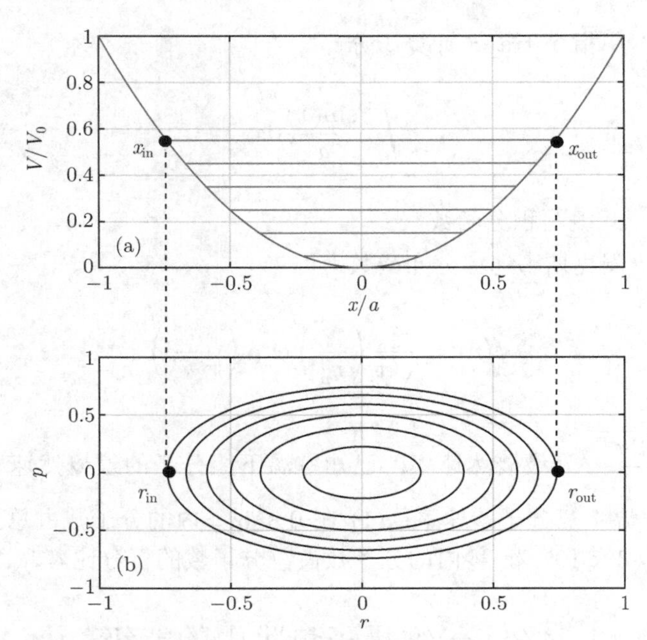

图 4.5　(a) 抛物势和粒子运动的内外转折点；(b) 相空间中对应的轨道

粒子在内转折点 x_{in} 和外转折点 x_{out} 之间往复运动，动能和势能会相互转换。粒子运动到内转折点 x_{in} 或外转折点 x_{out} 时，动能为零，势能达到最大值，粒子开始往回运动；当粒子运动到 $x=0$ 时，动能达到最大值，势能达到最小值。

2. 半经典量子化

与经典理论不同，全量子化理论认为，粒子运动的轨迹是不存在的。这里，我们把问题看成粒子在势场中的经典运动，然后再应用玻尔的“量子化法则”来求粒子能级，这种经典概念和量子观念相结合的方法，被称为半经典量子化方法。下面是一维抛物势运动半经典量子化方法的理论推导过程。

体系的总能量是

$$E=\frac{p^2}{2m}+V(x)$$

这里，m 是粒子的质量，p 是粒子的动量，E 是粒子的总能量，上式可整理为

$$p(x)=\pm[2m(E-V(x))]^{1/2} \tag{4.13}$$

在能量 E 给定以后，这是一条在相空间 (x-p 空间) 的闭合轨道，如图 4.5(b) 所示。

经典力学认为，对于束缚在势阱 $V(x)$ 中的粒子，所有满足条件 $0<E<V_0$ 的运动都会发生，而玻尔的“量子化法则”认为：只有在相空间轨道所包围的面

积是 $2\pi\hbar$ 的半奇数倍时，那些运动才能存在，即

$$\oint p(x)\mathrm{d}x = 2\pi\hbar\left(n-\frac{1}{2}\right),\quad n=1,2,3,\cdots \tag{4.14}$$

用 E_n 来表示第 n 条轨道对应的能量，再将式 (4.13) 代入式 (4.14)，得到

$$\int_{x_{\text{in}}}^{x_{\text{out}}}[2m(E_n-V(x))]^{1/2}\mathrm{d}x = \pi\hbar\left(n-\frac{1}{2}\right) \tag{4.15}$$

为了计算方便，设

$$\varepsilon_n=\frac{E_n}{V_0},\quad r=\frac{x}{a},\quad \gamma=\left(\frac{2ma^2V_0}{\hbar^2}\right)^{1/2}$$

于是可得

$$\gamma\int_{r_{\text{in}}}^{r_{\text{out}}}[\varepsilon_n-r^2]^{1/2}\mathrm{d}r=\pi\left(n-\frac{1}{2}\right) \tag{4.16}$$

和

$$\begin{cases}\varepsilon_n-r_{\text{in}}^2=0,\\ \varepsilon_n-r_{\text{out}}^2=0\end{cases} \tag{4.17}$$

式 (4.16) 可以看成一个关于 ε_n 的方程，求能级的过程实际上也就是找这个方程的零点。式 (4.16) 和式 (4.17) 中共有 3 个方程和 3 个变量，下面采用数值积分方法来求解这个问题。

数值积分方法是如何处理这个问题的呢？简单地说，就是依赖于计算机的强大计算能力进行搜索比对。事实上，除了三个方程之外，还有一个规律是已知的，就是对应于 $n=1,2,3,\cdots$ 的能级 ε_1，ε_2，ε_3，$\cdots$ 是从小到大排列的，并且都在区间 [0, 1] 之内。那么，按照由小到大的顺序选定一个 n 值，例如先取 $n=1$，再预设一个最小的 ε_1 的值，就可以由式 (4.17) 确定 r_{in} 和 r_{out}，将求出的值代入式 (4.16) 就可以算出积分的值，然后比较式 (4.16) 两边是否相等，这相当于找函数

$$f=\gamma\int_{r_{\text{in}}}^{r_{\text{out}}}[\varepsilon_n-v(r)]^{1/2}\mathrm{d}x-\pi\left(n-\frac{1}{2}\right) \tag{4.18}$$

的零点。如果不等，就增加 ε_n 的值，再进行检验，直到找出函数的零点。依次做下去，就能找出所有的能级。完成这个过程，仅靠人工计算是比较困难的，但有了计算机的帮助就比较容易。

下面是用数值积分方法编写的程序。在程序中，$\gamma=20$。

```
%f2021033101   抛物势的半经典量子化 (直接数值积分)
clc;clear all;close all;
e=0;                %势阱深度
subplot(2,1,1)
  r=-1:0.001:1;  v=r.^2;  plot(r,v)   %画势函数图
  axis([-1,1,0,1]);
  hold on
for k=1:6     %计算 6 个能级
   f=0.01;        % f 启动值
   while f>=1e-3                 %结果精度, 设置需经验
         r1=-sqrt(e); r2=sqrt(e);h=1e-5;
         r=r1:h:r2;
         p=abs(sqrt(e-r.^2));
         f=(k-0.5)*pi-20*trapz(p)*h;
         e=e+1e-4;        %检测 E 的步长, 设置需经验
   end
   E(k)=e;
   subplot(2,1,1)
   plot([r1,r2],[E(k),E(k)],'r')
   subplot(2,1,2)
   plot(r,p,'k',r,-p,'k-')
   axis([-1,1,-1,1]);
   hold on
end
E                   %输出能级值
diff(E)
subplot(2,1,1); grid on;text(-0.9,0.2,'(a)');
xlabel('x/a');ylabel('V/V_0');
subplot(2,1,2); grid on;text(-0.9,-0.6,'(b)');
xlabel('r');ylabel('p');
```

程序输出的计算结果包括：势能曲线、各个能级的能量值以及它们在相空间对应的轨道 (参考图 4.5)。各个能级的能量值及能级间隔如下：

```
E = 0.0501  0.1501  0.2501  0.3501  0.4501  0.5501
```

```
ans = 0.1000  0.1000  0.1000  0.1000  0.1000
```

根据量子力学的知识，能级均匀分布是抛物势能级的特点。上述数值积分的计算结果与物理学的基本常识相符。

4.3.2 一维无限深方势阱运动的半经典量子化

上面的求解过程，也适用于一维无限深方势阱运动。假设势阱宽度为玻尔半径的 2 倍，一维无限深方势阱则可表示为

$$V(x)=\begin{cases}\infty, & |x|\geqslant a,\\ 0, & |x|<a\end{cases}$$

其中 a 是玻尔半径。经典力学认为，对于束缚在势阱 $V(x)$ 中的粒子，所有满足条件 $0<E<\infty$ 的运动都会发生，而玻尔的“量子化法则”认为，只有在相空间轨道所包围的面积是 $2\pi\hbar$ 的整数倍时，那些运动才能存在，即

$$\oint p(x)\mathrm{d}x=2n\pi\hbar,\quad n=1,2,3,\cdots \tag{4.19}$$

用数值积分的方法，求解上述运动的能级，具体程序如下：

```
1  % f2021042002    方势阱的半经典量子化（直接数值积分）
2  clc;clear all;close all;
3  e=0;              %势阱深度
4  r1=-1;r2=1;h=1e-3;
5  r=r1:h:r2;
6  subplot(1,2,1); hold on;
7     subplot(1,2,2); hold on;
8  for k=1:8         %计算 8 个能级
9     f=0.01;        % f 启动值
10    while f>=1e-5            %结果精度，设置需经验
11          p=abs(sqrt(e-0*r));
12          f=(k)*pi-20*trapz(p)*h;
13          e=e+1e-5;        %检测 E 的步长，设置需经验
14    end
15    E(k)=e;
16    subplot(1,2,1)
17    plot([r1,r2],[E(k),E(k)],'r')
```

```
18        subplot(1,2,2)
19        plot(r,p,'k',r,-p,'k-')
20    end
21    E                       %输出能级值
22    E./([1:k].^2)
23    subplot(1,2,1); grid on;text(-0.9,0.9,'(a)');
24    axis([-1,1,0,1]);box on;
25    xlabel('x/a');ylabel('E_n');
26    subplot(1,2,2); grid on;text(-0.9,0.8,'(b)');
27    axis([-1,1,-1,1]);box on;
28    xlabel('r');ylabel('p');
```

能级和相空间中对应的轨道如图 4.6 所示，计算结果如下：

```
E =     0.0062    0.0247    0.0555    0.0987
        0.1542    0.2221    0.3023    0.3948
ans =   0.0062    0.0062    0.0062    0.0062
        0.0062    0.0062    0.0062    0.0062
```

根据量子力学的知识，能级的分布与 n^2 成正比是方势阱能级的特点。上述数值积分的计算结果与物理学的基本常识相符。

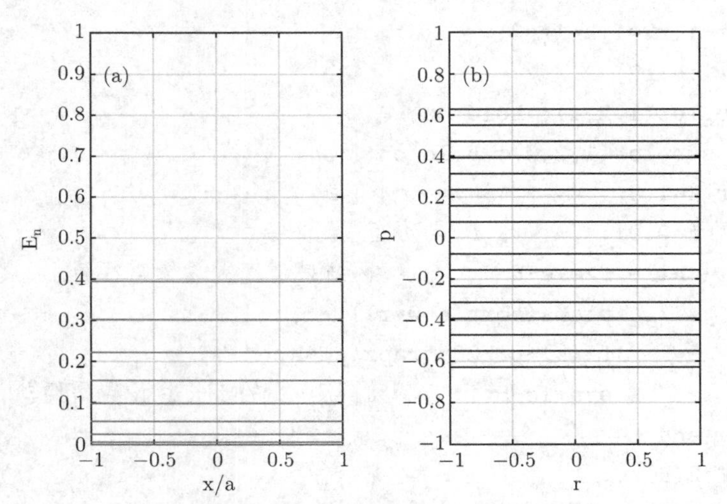

图 4.6　(a) 一维无限深方势阱能级；(b) 相空间中对应的轨道

4.4　带电圆环的空间电势分布

本节介绍均匀带电圆环在空间产生的静电势分布，涉及的内容包括：为带电圆环建立空间坐标系、由库仑定律建立数学模型、数值积分和计算结果的可视化等。

设半径为 a 的均匀细圆环，环上带 $4\pi\varepsilon_0$ 的电荷。建立三维直角坐标系，带电圆环在 XOZ 平面内 (图 4.7)，空间点 A 的坐标为 (x,y,z)，问题具体为求圆环在空间点 A 产生的电势。圆环上一点 B 的坐标 (x_1,y_1,z_1) 到空间点 A 的矢量为 $\boldsymbol{r}$。在 XOZ 平面建立极坐标系，设 θ 为极坐标系的角度，则

$$x_1 = a\cos(\theta), \quad y_1 = 0, \quad z_1 = a\sin(\theta)$$

于是

$$r = \sqrt{(x - a\cos(\theta))^2 + y^2 + (z - a\sin(\theta))^2}$$

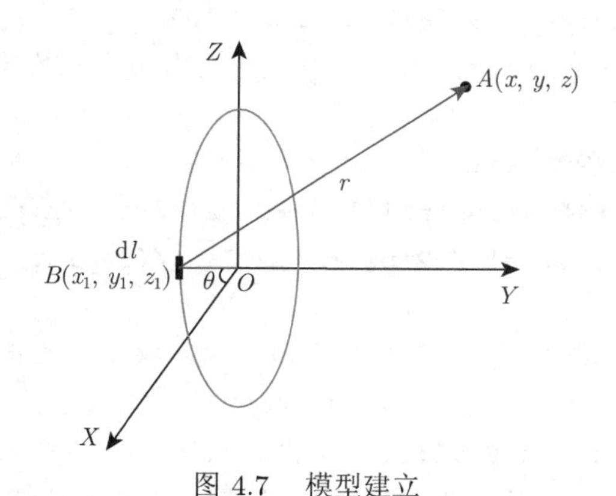

图 4.7　模型建立

由库仑定律，带电物体在空间点 A 产生的电场为

$$\boldsymbol{E}(x,y,z) = \int_V \frac{\rho(r')\boldsymbol{r}}{4\pi\varepsilon_0 r^3}\mathrm{d}V$$

其中 $\mathrm{d}V$ 是带电物体体积元，$\rho(r')$ 是带电物体体积元的电荷密度。对于带电圆环，上式可写为

$$\boldsymbol{E}(x,y,z) = \oint_l \frac{\alpha(r')\boldsymbol{r}}{4\pi\varepsilon_0 r^3}\mathrm{d}l$$

其中 $\mathrm{d}l$ 是带电圆环线元，$\alpha(r')$ 是带电圆环线元的电荷密度。

由电场积分可得带电圆环在空间点 A 产生的电势为

$$\varphi(x,y,z)=\oint_l \frac{\alpha(r')}{4\pi\varepsilon_0 r}\mathrm{d}l$$

则

$$\varphi(x,y,z)=\int_0^{2\pi}\frac{1}{2\pi ar}a\mathrm{d}\theta=\int_0^{2\pi}\frac{1}{2\pi r}\mathrm{d}\theta$$

计算程序如下：

```
1  % f2021040101.m<---f2016111801.m
2  clc;clear all;close all;
3  a=1; %取圆环的半径为 1
4  x=-2:0.08:2;y=-2:0.08:2;z=-2:0.08:2;
5  [X,Y,Z]=meshgrid(x,y,z);  %建立空间坐标的数据网格
6  for k=1:41
7      phi=pi/20*(k-1);
8      r=sqrt((X-a*cos(phi)).^2+Y.^2+(Z-a*sin(phi)).^2);
9      dv(:,:,:,k)=1./(2*pi.*r);  % 1/(2*pi*r)
10 end
11 v=pi/20*trapz(dv,4);  %积分算出数据网格点上的数据
12                       % Q=trapz(...,dim)
13 [C,H]=contour(x,y,v(:,:,26),'k');
14 set(H,'ShowText','on','LevelList',[0.4:0.1:1.2])
15 xlabel('x');ylabel('y');
16 axis equal
```

程序中，在进行计算结果可视化时，根据体系对称性，只需绘制 XOY 平面内的电势分布即可。我们采用等值线描述电势的分布，结果如图 4.8 所示。在作图程序中，语句：

```
set(H,'ShowText','on','LevelList',[0.4 : 0.1 : 1.2])
```

的功能是：绘制数值为 [0.4 : 0.1 : 1.2] 的等值线，并标注数值。

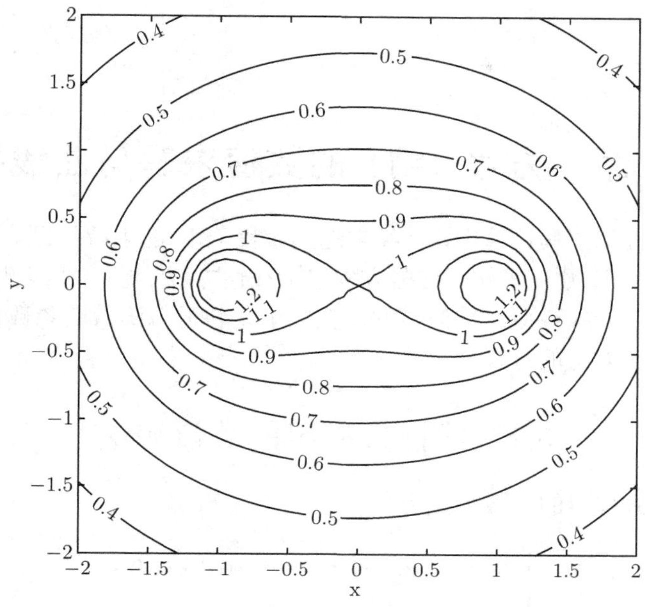

图 4.8 XOY 平面内的电势分布

第 5 章　方程 (组) 的数值求解与曲线拟合

在科学研究和工程计算中，会经常遇到方程 (组) 的求解问题，特别是得不到解析解的方程 (组) 数值求解。这些方程包括线性方程 (组)、非线性方程 (组) 等。另外，用拟合法寻找近似函数的过程，实际上是将近似函数的系数作为方程 (组) 的未知数来求解方程的过程。

5.1　线性方程组的数值解法

n 阶线性方程组的一般形式为

$$\begin{cases} a_{11}x_1 + a_{12}x_2 + \cdots + a_{1n}x_n = b_1, \\ a_{21}x_1 + a_{22}x_2 + \cdots + a_{2n}x_n = b_2, \\ \qquad \cdots\cdots \\ a_{n1}x_1 + a_{n2}x_2 + \cdots + a_{nn}x_n = b_n \end{cases}$$

或写成矩阵形式

$$\boldsymbol{Ax} = \boldsymbol{b}$$

其中，$\boldsymbol{A}$ 称为常系数矩阵，$\boldsymbol{x}$ 称为解向量，$\boldsymbol{b}$ 称为右端常向量，分别为

$$\boldsymbol{A} = \begin{pmatrix} a_{11} & \cdots & a_{1n} \\ \vdots & \ddots & \vdots \\ a_{n1} & \cdots & a_{nn} \end{pmatrix}, \quad \boldsymbol{x} = (x_1, x_2, \cdots, x_n)^{\mathrm{T}}, \quad \boldsymbol{b} = (b_1, b_2, \cdots, b_n)^{\mathrm{T}}$$

线性代数方程组的数值求解方法通常分为两类：直接法和迭代法[2]。此处，我们略去详细算法的讲解，直接用 MALTAB 的运算符来求解。矩阵除法运算是解线性代数方程组最简便高效的方法，左除法可解形式为 $\boldsymbol{AX} = \boldsymbol{b}$ 的方程组，如

$$\begin{pmatrix} 3 & 5 & -7 \\ 2 & -12 & 3 \\ -1 & 9 & 8 \end{pmatrix} \begin{pmatrix} x_1 \\ x_2 \\ x_3 \end{pmatrix} = \begin{pmatrix} 34 \\ -56 \\ 27 \end{pmatrix}$$

计算程序如下：

```
1        A = [3,5,-7;2,-12,3;-1,9,8];
2        b = [34;-56;27];
3        X = A\b
```

输出结果如下：

```
ans = 0.5474
      4.3854
     -1.4901
```

例 5.1 质量为 $m_1 = 5$ 的斜面 ($\theta = 30°$) 放在水平地面上，其上有一个质量为 $m_2 = 2$ 的方块，若所有摩擦力不计，如图 5.1 所示。求: 斜面相对于地面的加速度 a_1，方块相对于斜面的加速度 a_2，以及它们受到的支持力 N_1 和 N_2。

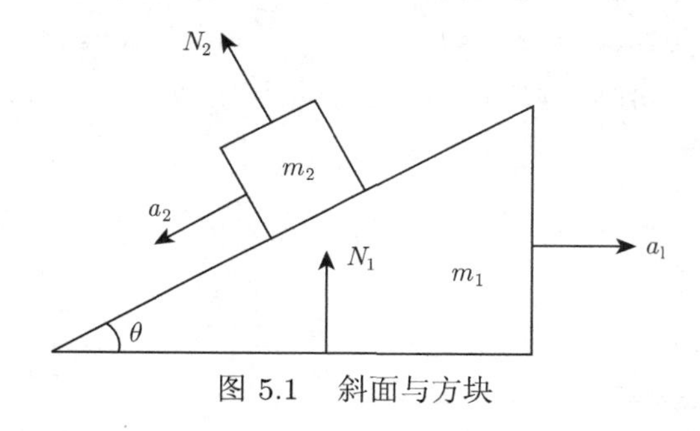

图 5.1 斜面与方块

解 利用力学中的牛顿运动定律可得

$$\begin{cases} N_2 \sin\theta = m_1 a_1, \\ N_1 - N_2 \cos\theta - m_1 g = 0, \\ N_2 \sin\theta = m_2 a_2 \cos\theta - m_2 a_1, \\ m_2 g - N_2 \cos\theta = m_2 a_2 \sin\theta \end{cases}$$

整理可得

$$\begin{cases} m_1 a_1 - \sin\theta N_2 = 0, \\ N_1 - \cos\theta N_2 = m_1 g, \\ m_2 a_1 - m_2 \cos\theta a_2 + \sin\theta N_2 = 0, \\ m_2 \sin\theta a_2 + \cos\theta N_2 = m_2 g \end{cases}$$

矩阵形式为

$$\begin{pmatrix} m_1 & 0 & 0 & -\sin\theta \\ 0 & 0 & 1 & -\cos\theta \\ m_2 & -m_2\cos\theta & 0 & \sin\theta \\ 0 & m_2\sin\theta & 0 & \cos\theta \end{pmatrix}\begin{pmatrix} a_1 \\ a_2 \\ N_1 \\ N_2 \end{pmatrix}=\begin{pmatrix} 0 \\ m_1 g \\ 0 \\ m_2 g \end{pmatrix}$$

计算程序如下：

```
1  cc
2  m1=5;m2=2;theta=pi/6;g=9.8;
3  A = [m1                0       0   -sin(theta)
4        0                0       1   -cos(theta)
5       m2   -m2*cos(theta)       0    sin(theta)
6        0    m2*sin(theta)       0    cos(theta)];
7  b = [0; m1*g; 0 ;m2*g];
8  X = A\b
```

输出结果如下：

```
ans = 1.5431
      6.2366
     62.3634
     15.4312
```

习题 5.1　解代数方程组

$$\begin{pmatrix} 3.3330 & 15920 & -10.333 \\ 2.2220 & 16.710 & 9.6120 \\ 1.5611 & 5.1791 & 1.6852 \end{pmatrix}\begin{pmatrix} x_1 \\ x_2 \\ x_3 \end{pmatrix}=\begin{pmatrix} 15913 \\ 28.544 \\ 8.4252 \end{pmatrix}$$

5.2　单变量非线性方程的数值解法

相对线性方程，物理研究中更常见的是非线性方程，特别是根本不存在解析解的指数方程、对数方程、三角方程、反三角方程等。本节要讨论的是单变量非线性方程，可表示为

$$f(x)=0$$

其中，满足方程的变量 x 的值称为方程的解，或称为函数 $f(x)$ 的零点。与解析推导方法不同，在利用数值方法求解方程的过程中，首先要确定方程解所在的区间，

通常采用图示法或函数分析的方法大体确定解所在的位置，在具体的物理问题中，实际的物理条件会大大限制方程解所在的区间。确定解所在的区间之后，再采用逐步逼近的方法得到满足一定精度的近似解。下面先介绍牛顿迭代法 (对分法和弦割法) 求解单调连续函数的实数根的算法，再介绍两个求解非线性方程的指令 (指令 fzero 和指令 roots)。

5.2.1 对分法

已知函数 $f(x)$ 在区间 $[a,b]$ 单调连续，设 $f(a)<0$，$f(b)>0$，则 $[a,b]$ 间必有一实根。记区间的中点为 x_0，则 $x_0=(a+b)/2$。

若 $f(x_0)=0$，则 x_0 为所求实根。

若 $f(x_0)<0$，则令 $a_1=x_0$, $b_1=b$；若 $f(x_0)>0$，则令 $a_1=a$, $b_1=x_0$。这时方程的根必在区间 $[a_1,b_1]$ 上，它的长度为原区间的一半。

令 $x_1=(a_1+b_1)/2$，再重复上面的过程，得到新的区间 $[a_2,b_2]$ 又缩小了一半。一直进行下去，可得到一系列区间：

$$[a,b],\ [a_1,b_1],\ [a_2,b_2],\cdots,[a_n,b_n]$$

当 $n\to\infty$，区间 $[a_n,b_n]$ 的长度 $b_n-a_n=(b-a)/2^n$ 将趋于零，且区间的中点

$$\lim_{n\to\infty}x_n=\lim_{n\to\infty}\frac{a_n+b_n}{2}$$

是方程根的近似值，这种通过将根所在区间减半来寻找解的方法称为对分法。增加区间减半的次数可提高解的精度。对分法收敛速度快，同时，对分法算法可靠。只要找到一个函数值改变了符号的区间，也就是有实根存在的区间，对分法就能按照设定的精度找到逼近这个实根的近似解。

例 5.2 用对分法编程求方程

$$\frac{4\sin x}{x}=\mathrm{e}^x$$

在区间 [π/4, π/2] 上的根，设定函数精度为 1.0×10^{-10}。

解法一的程序如下：

```
1  %f2021040801<----f2015111101.m 对分法求零点
2  cc
3  k=0;    %计算次数计数器
4  f=@(x)4*sin(x)/x-exp(x);
5  fplot(f,[pi/4,pi/2])
```

```
6  grid on
7  a1=pi/4;b1=pi/2;
8  if f(a1)>0
9      a1=pi/2;b1=pi/4;
10 end
11 while abs(f(a1))>1.0e-10
12 x0=(a1+b1)/2;
13 if f(x0)<0
14     a1=x0;
15 end
16 if f(x0)>0
17     b1=x0;
18 end
19 k=k+1;
20 end
21 disp(' 方程的根为: '),a1
22 disp(' 计算次数: '),k
```

输出图形如图 5.2 所示，输出结果如下：

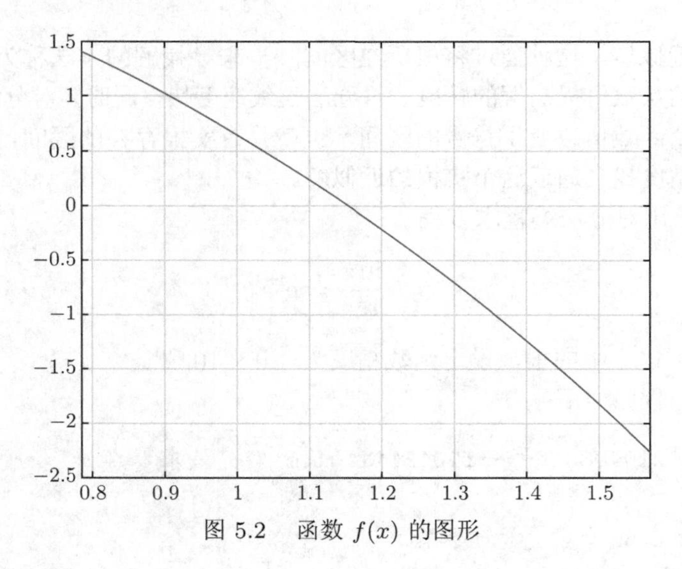

图 5.2 函数 $f(x)$ 的图形

```
方程的根为:
x0 =      1.1537
```

```
计算次数:
k =     33
```

解法二的程序如下：

```
%f2021040802.m<---f2015112201.m 对分法求零点
cc
k=0;    %计算次数计数器
f=@(x)4*sin(x)/x-exp(x);
fplot(f,[pi/4,pi/2])
grid on
a1=pi/4;b1=pi/2;
if f(a1)*f(b1)>0
    disp(' 无解')
end
while abs(f(a1))>1.0e-10
        x0=(a1+b1)/2;
        if f(a1)*f(x0)<0;
            b1=x0;
        else
            a1=x0;
        end
        k=k+1;
end
disp(' 方程的根为: '),a1
disp(' 计算次数: '),k
```

输出结果如下：

```
方程的根为:
x0 =     1.1537
计算次数:
k =     35
```

在后面的“解常微分方程”章节，对分法多次得到应用并发挥了关键作用。

5.2.2 弦割法

前面介绍的对分法是取中点 $x_0=(a+b)/2$ 作为试探根，而弦割法是用通过点 $(a,f(a))$ 和点 $(b,f(b))$ 的直线 (弦) 与 x 轴的交点作为试探根。从图 5.3 可以看出，弦的方程为

$$\frac{f(b)}{b-x_0}=\frac{f(b)-f(a)}{b-a}$$

由此得到试探根

$$x_0=b-f(b)\frac{b-a}{f(b)-f(a)} \tag{5.1}$$

由上式可知，弦割法的稳定性不如对分法。弦割法同样可以通过调整计算次数获得所需的计算精度。通过大量实例的统计效果来看，弦割法效率比对分法更高，而在具体的实例中，弦割法效率可能会低于对分法。

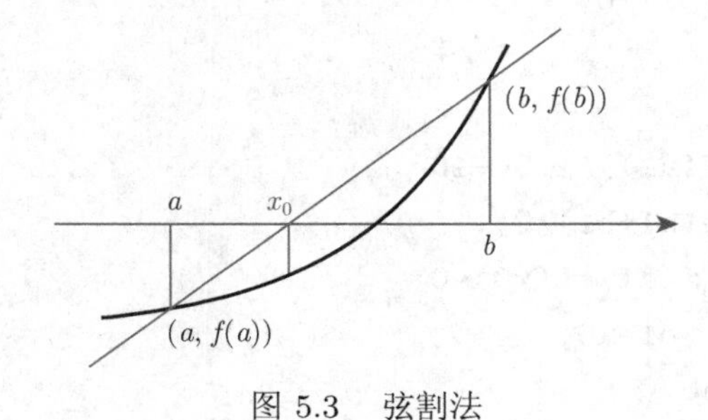

图 5.3 弦割法

例 5.3 用弦割法编程求方程

$$\frac{4\sin x}{x}=\mathrm{e}^x$$

在区间 [π/4, π/2] 上的根，设定函数精度为 1.0×10^{-10}。

程序如下：

```
1  %f2021040803.m<-----f2015111202.m 弦割法求零点
2  cc
3  k=0;    %计算次数计数器
4  f=@(x)4*sin(x)/x-exp(x);
5  fplot(f,[pi/4,pi/2])
6  grid on
7  x0=pi/4;x1=pi/2;xm=x0;
```

```
8   if f(x0)>0
9       x0=pi/2;x1=pi/4;
10  end
11  while abs(f(xm))>1.0e-10        %不能用 abs(x1-x0)
12  xm=x0-f(x0)*(x0-x1)/[f(x0)-f(x1)];
13  if f(xm)<0
14      x0=xm;
15  end
16  if f(xm)>0
17      x1=xm;
18  end
19  k=k+1;
20  end
21  disp(' 方程的根为: '),xm
22  disp(' 计算次数: '),k
```

输出结果如下：

```
方程的根为:
xm =    1.1537
计算次数:
k =     14
```

5.2.3 求解非线性方程的 MATLAB 指令

1. 求单变量实函数零点的指令 fzero

指令 fzero 可以求解单变量实函数 $f(x)$ 的零点，它采用的算法叫 zeroin 方法，是结合了对分法、割线法以及其他方法 (如逆二次插值法) 的一种综合方法。这个算法简单而可靠，能一直将方程的解限制在不断缩小的区间中。在迭代过程中，如果可以就采用快速收敛的方法，否则就用速度较慢的但是非常安全的方法，如对分法，来求下一步的近似解。

指令 fzero 的基本格式为：

```
x=fzero(fun, x0)
x=fzero(fun, x0, options)
[x, fval]=fzero(...)
```

各参量的意义为：

x, fval	零点及对应的函数值，没有零点则返回 NaN
fun	求零点的单变量函数，函数值须是实数
x0	猜测的初始值或搜寻零点的区间 [x0(1), x0(2)]
options	存放算法优化选项的结构数组，如: 容差 TolX, TolFun; 通常由指令 optimset 产生，如：options = optimset('TolX',1e-5)

使用函数 fzero 时要输入两个基本参数，即：需要求解的函数以及初始的猜测解或者求解的区间。需要注意，fzero 只能求实根，而且一次只能求一个根。如果是给定求根区间，函数 fzero 要求区间端点处的函数值必须具有不同的符号，从而保证一定有根存在。

例 5.4 用指令 fzero 求方程 $4\sin x/x=\mathrm{e}^x$ 在区间 [π/4, π/2] 上的零点，程序如下：

```
1 cc
2 x=fzero(@(x)4*sin(x)/x-exp(x), [pi/4,pi/2])
```

输出结果为：

```
x =    1.1537
```

例 5.5 用指令 fzero 求内部函数 $\sin x$ 在 $x=3$ 附近的零点，程序如下：

```
1 cc
2 options = optimset('TolX',1e-2);
3 x=fzero(@sin,3,options);
4 TolX1=pi-x
5 options = optimset('TolX',1e-10);
6 x=fzero(@sin, 3,options);
7 TolX2=pi-x
```

输出结果为：

```
TolX1 =    -0.0281
TolX2 =    1.3323e-15
```

例 5.6 用指令 fzero 求带有参数的函数 $\cos(ax)$ 在 $x=0.1$ 附近的零点，参数 $a=2$，用函数文件的形式定义函数，程序如下：

```
1  function f2020
2  a=2;             %先给出参数 a 的值再求根
3  x=fzero(@(x)myfun(x,a),0.1)
4  end
5  function f=myfun(x, a)
6  f=cos(a*x);
7  end
```

输出结果为：

```
x =    0.7854
```

2. 求多项式零点的指令 roots

指令 roots 专门用于求解多项式函数的零点。指令 fzero 作为求解非线性函数零点的程序，当然也可以用来求解多项式函数的零点。与指令 fzero 不同的是，指令 roots 可以同时求出多项式函数的全部零点。设多项式函数的表达式为

$$c_nx^n+c_{n-1}x^{n-1}+\cdots+c_1x+c_0$$

则多项式系数按降幂排列的矢量为

$$\boldsymbol{c}=[c_n,c_{n-1},\cdots,c_1,c_0]$$

若采用指令 roots 对上述多项式求零点，则程序格式为：

```
roots(c)        c 为多项式系数按降幂排列的矢量
```

例 5.7 用指令 roots 求解下面的方程：

$$3x^5+6x^4-4x^3+2x+1=0$$

程序如下：

```
roots([3,6,-4,0,2,1])
```

```
ans = -2.4993
       0.6231 + 0.4974i
       0.6231 - 0.4974i
      -0.3735 + 0.2652i
      -0.3735 - 0.2652i
```

上面的例子表明，指令 roots 可以同时求出多项式方程的所有复数根。

习题 5.2　在区间 $-5 < x < 5$ 上求方程 $5x^5 + 3x^4 - 4x^3 + x^2 + 7x + 9 = 0$ 的根。(1) 用对分法编程计算；(2) 用弦割法编程计算，比较这两种方法达到函数值的精度为 10^{-6} 时所需要的计算次数；(3) 用指令 fzero 编程计算；(4) 用指令 roots 编程计算。

5.3　非线性方程组的数值解法

对于多变量的非线性方程组

$$\begin{cases} f_1(x_1, x_2, \cdots, x_n) = 0, \\ f_2(x_1, x_2, \cdots, x_n) = 0, \\ \qquad \cdots\cdots \\ f_n(x_1, x_2, \ldots, x_n) = 0 \end{cases}$$

的数值求解，通常采用两种方法[2]：一种是牛顿迭代法，另一种是梯度下降法。此处，我们略去详细算法的讲解，直接用 MALTAB 指令来求解。以上述两种算法为基础的指令 fsolve 专门用来数值求解非线性方程组，它的用法格式如下：

```
x=fsolve(fun,x0)
[x,fval]=fsolve(fun,x0)
```

各参量意义为：

x, fval	零点的位置与对应的函数值
fun	求解的非线性方程组
x0	猜测的初始解

下面通过一个具体例子来学习指令 fsolve 的具体用法，尤其要注意非线性方程组子函数的表达方式。

例 5.8　用指令 fsolve 求解方程组

$$\begin{cases} x - 5y^2 + 7z^2 + 12 = 0, \\ 3xy + xz - 11x = 0, \\ 2yz + 40x = 0 \end{cases}$$

为了编写非线性方程组的子函数，将上述方程中的 x，y，z 看作矢量 $\boldsymbol{X}$ 的三个分量 X_1, X_2, X_3，同时，将上述方程中的三个方程看作矢量 $\boldsymbol{Y}$ 的三个分量

Y_1, Y_2, Y_3，则方程组子函数的三个分量分别为

$$Y_1 = X_1 - 5X_2^2 + 7X_3^2 + 12$$

$$Y_2 = 3X_1X_2 + X_1X_3 - 11X_1$$

$$Y_3 = 2X_2X_3 + 40X_1$$

求解程序如下：

```
1  function f2021040901
2  [X,Y]=fsolve(@eqg,[-1.5,6.5,-5.0])
3  end
4  function Y=eqg(X)
5  Y=[X(1)-5*X(2)^2+7*X(3)^2+12;
6     3*X(1)*X(2)+X(1)*X(3)-11*X(1);
7     2*X(2)*X(3)+40*X(1)]
8  end
```

计算结果如下：

```
X =
    1.0000    5.0000   -4.0000
Y =
   1.0e-12 *
    0.0568
    0.1030
   -0.2700
```

指令 fsolve 默认的函数值精度是 le−6，上面输出的函数值三个分量与零的偏差已经满足默认精度。

习题 5.3 用指令 fsolve 求下列非线性方程组在 $[0.5, 0.5, 0.5]$ 附近的一组实根。

$$\begin{cases} 2\cos x + 8\sqrt{y} - \ln z = 7, \\ 2^x + 2y - 8z = -1, \\ x + y - \cosh z = 0 \end{cases}$$

5.4　求解函数极小值

求解函数极小值的具体过程，可以通过著名的黄金分割法[1] 来完成。此处，我们略去具体算法的讲解，直接用 MATLAB 指令来求解。指令 fminbnd 可以搜索单变量实函数的局部极小值。其用法如下：

```
x= fminbnd(fun,x1,x2)
[x,fval]= fminbnd(fun,x1,x2)
```

各参量意义为：

x，fval	最小值的位置与对应的函数值
fun	求解的单变量函数
x1，x2	自变量区间

如果在区间中有多个极小值，指令 fminbnd 只能找出其中的一个，而且还不能确保找到的极小值是最小的。因此，最好先通过作图对极小值的情况进行预判，再使用指令 fminbnd 求解极小值。

例 5.9　用 fminbnd 求解下面函数的极小值：

$$f(x)=-\frac{1}{(x-0.3)^2+0.01}-\frac{1}{(x-0.9)^2+0.04}+6$$

并画出它大致的图形如图 5.4，知道它存在两个极小值。在区间 [0, 0.5] 和区间 [0.5, 1.5] 中分别搜寻极小值，程序如下：

```
1  cc
2  f=@(x)-1./((x-0.3).^2+0.01)-1./((x-0.9).^2+0.04)+6;
3  x=-1:0.01:2;
4  y=f(x);
5  plot(x,y);
6  grid on
7  [x1,fval1]=fminbnd(f,0,0.5)
8  [x2,fval2]=fminbnd(f,0.5,1.5)
```

计算结果为：

```
x1 =       0.3004
fval1 = -96.5014
```

```
x2 =        0.8927
fval2 = -21.7346
```

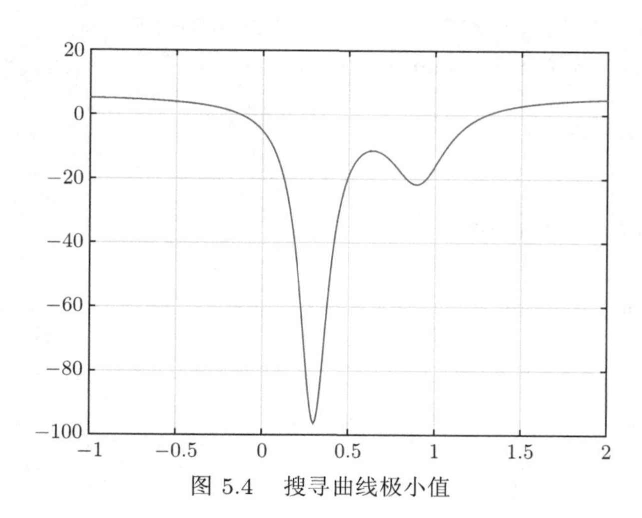

图 5.4 搜寻曲线极小值

对于多变量函数，可以用指令 fminsearch 搜寻它的局部极小值。指令 fminsearch 的用法与指令 fminbnd 基本一致，只是需要将多个自变量作为一个向量的分量来处理，类似于指令 fsolve 的用法。其用法如下：

```
X= fminsearch(fun,X0)
[X,fval]= fminsearch(fun,X0)
```

各参量意义为：

X，fval	最小值的位置与对应的函数值
fun	求解的多变量函数
X0	搜索初始值：多个自变量的矢量

例 5.10 求函数 $f(x,y)=x^2+25y^2-2x+50y+25$ 的极小点与极小值，寻找初始猜测点为 $x_0=2$，$y_0=3$。操作如下：

```
1  % f2018110601.m
2  cc
3  x=-25:1:25;y=-5:1:5;
4  [X,Y]=meshgrid(x,y);
5  Z=X.^2+25*Y.^2-2*X+50*Y+25;
6  meshc(X,Y,Z);
```

```
7  xlabel('x');ylabel('y');zlabel('z');
8  clear all
9  f=@(x)x(1)^2+25*x(2)^2-2*x(1)+50*x(2)+25;
10 [x,fval] = fminsearch(f,[2,3])
```

输出图形如图 5.5 所示。计算结果如下：

```
x =
    1.0000   -1.0000
fval =
   -1.0000
```

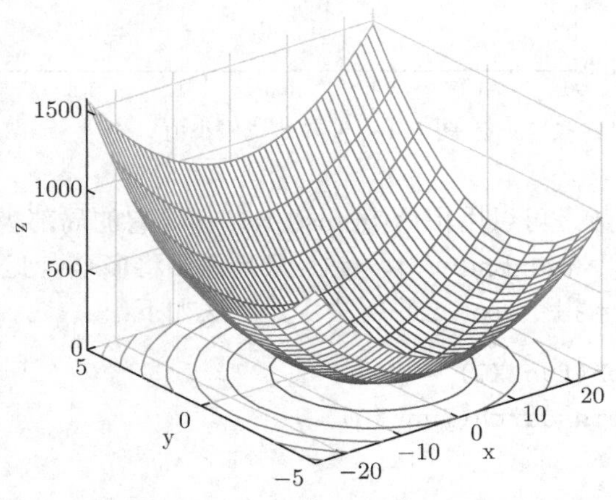

图 5.5　函数 $f(x,y)=x^2+25y^2-2x+50y+25$

习题 5.4　已知 $y=x^4-4x^3-6x^2-16x+4$，在 $-2<x<6$ 的区间内寻找方程的零点、极小值及其对应的函数值。

习题 5.5　求函数 $f(x,y)=x\mathrm{e}^{-x^2-y^2}$ 的极小点与极小值。

5.5　曲线拟合

在物理实验中，通常希望得到实验数据所反映的函数关系，这个过程称为函数近似。函数近似的两种常用方法是插值法和拟合法。

插值法所求得的近似函数会覆盖所有实验数据点，由于在实验中所给出的数据本身存在误差，因此，插值曲线通过所有的实验数据点必定会使插值函数保留这个误差。拟合法所求得的近似函数不必覆盖所有实验数据点，只是反映实验数据的基本变化趋势，并力求近似函数的整体误差最小，这是拟合法与插值法的本质区别。

拟合法的数学理论基础是最小二乘法，利用拟合法获得近似函数的过程称为曲线拟合，所得近似函数又称为拟合曲线。

5.5.1 曲线拟合的最小二乘法

设原始数据有 n 个数据点，拟合函数 $\varphi(x)$ 在 x_i 点的函数值 $\varphi(x_i)$ 与 x_i 点对应的原始数据 y_i 的偏差为

$$\delta_i = \varphi(x_i) - y_i \qquad (i = 1, 2, \cdots, n) \tag{5.2}$$

无论使用什么方法，使 n 个偏差的平方和

$$\sum_{i=1}^{n} \delta_i^2 \tag{5.3}$$

最小，所用的方法统称曲线拟合的最小二乘法。在历史上，最小二乘法首先由勒让德于 1805 年提出，当时这个方法不足之处是缺少误差分析，即它只是看上去合理且计算简便的一种算法。高斯利用其正态误差理论证明了最小二乘法的最优特性，最小二乘法与高斯误差理论的结合，是现代数理统计学的基石[8]。

后面将会看到，曲线拟合最小二乘法可分为线性最小二乘问题和非线性最小二乘问题。

5.5.2 多项式曲线拟合

曲线拟合中的多项式拟合可以通过求函数极值的办法来得到待求参数，关键步骤是求解以待求参数为未知数的联立线性方程组，属于线性最小二乘问题。通常情况下，上述联立线性方程组是无解的，但可以通过数值计算方法获得其近似解。

设所求的拟合函数 $\varphi(x)$ 是一个多项式

$$P_m(x) = a_0 + a_1 x + \cdots + a_m x^m = \sum_{j=0}^{m} a_j x^j \quad (m < n) \tag{5.4}$$

于是，曲线拟合的过程就是获得多项式的系数 a_j。根据最小二乘法，对于 n 个原始数据点 (x_i, y_i)，如果

$$\sum_{i=1}^{n} \delta_i^2 = \sum_{i=1}^{n} [y_i - P_m(x_i)]^2 = F(a_0, a_1, \cdots, a_m) \tag{5.5}$$

最小，则可以获得多项式的系数 a_j。

由多元函数取极值的条件得到方程组

$$\frac{\partial F}{\partial a_j} = -2\sum_{i=1}^{n}\left[y_i - \sum_{k=0}^{m} a_k x_i^k\right] x_i^j = 0 \tag{5.6}$$

移项得

$$\sum_{k=0}^{m} a_k \left(\sum_{i=1}^{n} x_i^{k+j}\right) = \sum_{i=1}^{n} y_i x_i^j \tag{5.7}$$

分别取 $j = 0, 1, 2, \cdots, m$ 的 $m+1$ 个联立方程

$$\begin{cases} a_0 + a_1\sum_{i=1}^{n} x_i + a_2\sum_{i=1}^{n} x_i^2 + \cdots + a_m\sum_{i=1}^{n} x_i^m = \sum_{i=1}^{n} y_i, \\ a_0\sum_{i=1}^{n} x_i + a_1\sum_{i=1}^{n} x_i^2 + a_2\sum_{i=1}^{n} x_i^3 + \cdots + a_m\sum_{i=1}^{n} x_i^{m+1} = \sum_{i=1}^{n} y_i x_i, \\ \cdots\cdots \\ a_0\sum_{i=1}^{n} x_i^m + a_1\sum_{i=1}^{n} x_i^{m+1} + a_2\sum_{i=1}^{n} x_i^{m+2} + \cdots + a_m\sum_{i=1}^{n} x_i^{2m} = \sum_{i=1}^{n} y_i x_i^m \end{cases}$$

这是最小二乘法拟合多项式的系数 a_j 应满足的方程组，称为正则方程组。利用 MATLAB 的矩阵除法运算可以很容易获得联立方程组的解。

当最高次幂为 1 时就是最小二乘法的直线拟合公式，正则方程简化为

$$\begin{cases} a_0 + a_1\sum_{i=1}^{n} x_i = \sum_{i=1}^{n} y_i, \\ a_0\sum_{i=1}^{n} x_i + a_1\sum_{i=1}^{n} x_i^2 = \sum_{i=1}^{n} y_i x_i \end{cases}$$

5.5.3 非线性曲线拟合

除了多项式拟合，非线性曲线拟合不能像线性最小二乘法那样，用求函数极值的办法来得到参数估计值，而需要采用复杂的算法来求解。常用的算法有两类：一类是搜索算法，另一类是迭代算法。

搜索算法的思路是：按一定的规则选择若干组参数值，分别计算它们的目标函数值并比较大小；选出使目标函数值最小的参数值，同时舍弃其他的参数值；然后按规则补充新的参数值，再与原来留下的参数值进行比较，选出使目标函数达

到最小的参数值。如此继续进行，直到选不出更好的参数值为止。以不同的规则选择参数值，即可构成不同的搜索算法。常用的方法有单纯形搜索算法、复合形搜索算法、随机搜索算法等。

迭代算法是从参数的某一初始猜测值出发，然后产生一系列的参数点，如果这个参数序列收敛到使目标函数极小的参数点，则参数的收敛值即为所求参数点。典型的迭代算法有牛顿-拉弗森算法、高斯迭代算法、麦夸特算法、变尺度算法等。

我们略去复杂算法的讲解，直接用 MATLAB 指令进行非线性曲线拟合。

5.5.4 MATLAB 曲线拟合指令

1. 多项式拟合指令 polyfit

指令 polyfit 属于 MATLAB 中的初等数学函数，具体格式如下：

`p=polyfit(x,y,n)`	返回阶数为 n 的多项式 p(x) 的系数 系数按降幂排列，长度为 n+1
`polyval(p,x)`	返回在 x 处计算的 n 次多项式 p(x) 的值

例 5.11 将三角函数数据拟合到多项式函数。在区间 $[0, 4\pi]$ 中生成 10 个等间距的点，计算正弦值，然后将正弦值拟合成多项式函数。操作如下：

```
1  x=linspace(0,4*pi,10);
2  y=sin(x);
3  p=polyfit(x,y,7);     %用一个 7 次多项式拟合这些点
```

将正弦值和多项式曲线绘图并进行比较：

```
1  x1=linspace(0,4*pi);
2  y1=polyval(p,x1);
3  figure
4  hold on
5  plot(x,y,'o')
6  plot(x1,y1)
```

结果如图 5.6。从这个例题可以看出，只根据已有数据，计算机并不知道应该拟合成何种函数关系，计算机只是根据指定的拟合函数类型来确定函数中的具体参数。

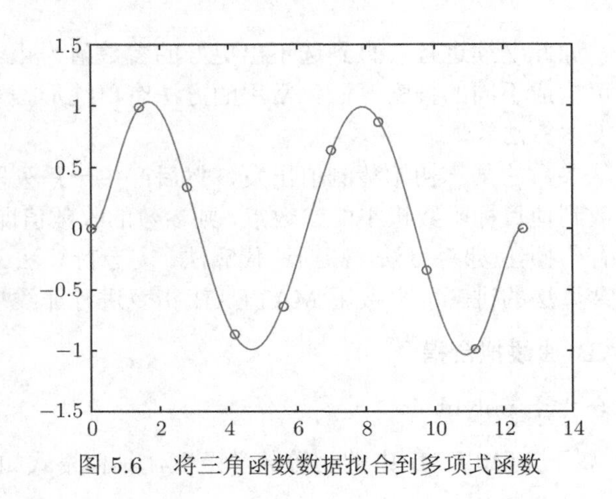

图 5.6　将三角函数数据拟合到多项式函数

2. 非线性拟合指令 lsqcurvefit

指令 lsqcurvefit 属于 MATLAB 中的优化工具箱。利用最小二乘法，从初始猜测值开始求系数，由原始数据点拟合得到非线性函数，具体格式如下：

`x=lsqcurvefit(fun,x0,xdata,ydata)`

各参量意义为：

xdata,ydata	原始数据点
fun	拟合函数，其自变量为：x，xdata
x	拟合函数系数
x0	系数初始猜测值

有些时候，不同的初始设置 x0 会得到不同的结果，如拟合结果不理想，应改变初始值后再重新拟合。

例 5.12　简单指数拟合。

简单指数拟合问题经过数学推导可以转化为线性拟合问题，此处我们不进行数学转化，直接作为非线性拟合问题处理。设定拟合公式为

$$y = a\mathrm{e}^{bx}$$

求拟合公式参数：a 和 b。操作如下：

```
1  cc
2  xdata = ...
3   [0.9 1.5 13.8 19.8 24.1 28.2 35.2 60.3 74.6 81.3];
4  ydata = ...
```

```
5    [455.2 428.6 124.1 67.3 43.2 28.1 13.1 -0.4 -1.3 -1.5];
6   fun = @(x,xdata)x(1)*exp(x(2)*xdata);
7   x0 = [100,-1];          %系数初始猜测值
8   x = lsqcurvefit(fun,x0,xdata,ydata)
9   %------------------------------------
10  hold on
11  plot(xdata,ydata,'ko') %绘制原始数据点
12  x1=linspace(xdata(1),xdata(end));
13  y1=fun(x,x1);
14  plot(x1,y1,'b-')          %绘制拟合曲线
15  grid on
16  box on
17  legend(' 原始数据点',' 拟合曲线')
```

拟合系数为:

```
x =
    498.8309    -0.1013
```

因此，可得参数 $a=498.8309$，$b=-0.1013$。原始数据与拟合曲线的比较，如图 5.7 所示。

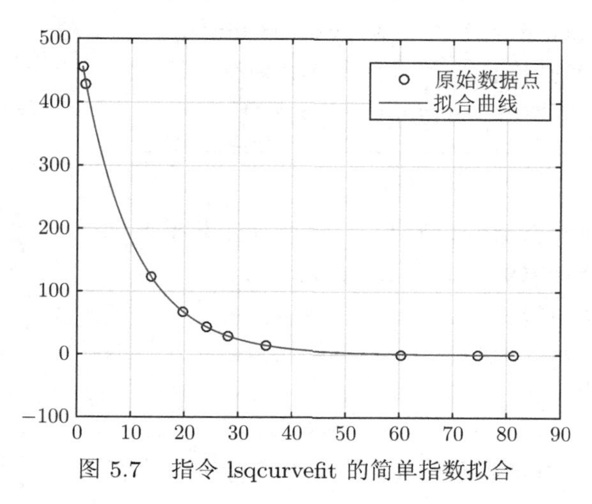

图 5.7　指令 lsqcurvefit 的简单指数拟合

3. 非线性拟合指令 nlinfit

指令 nlinfit 属于统计和机器学习工具箱，采用迭代最小二乘法估算拟合系数。函数 nlinfit 是非线性拟合的通用函数，适用面比函数 lsqcurvefit 更广，例如可以

做加权最小二乘拟合。具体格式如下:

```
x=nlinfit(xdata,ydata,fun,x0)
```

各参量意义为:

xdata,ydata	原始数据点
fun	拟合函数，其自变量为：x，xdata
x	拟合函数系数
x0	系数初始猜测值

与指令 lsqcurvefit 类似，不同的初始设置 x0 可能会得到不同的结果。

例 5.13　用指令 nlinfit 进行简单指数拟合。设定拟合公式为

$$y = a\mathrm{e}^{bx}$$

求拟合公式参数：a 和 b。程序如下：

```
1  cc
2  xdata = ...
3   [0.9 1.5 13.8 19.8 24.1 28.2 35.2 60.3 74.6 81.3];
4  ydata = ...
5   [455.2 428.6 124.1 67.3 43.2 28.1 13.1 -0.4 -1.3 -1.5];
6  fun = @(x,xdata)x(1)*exp(x(2)*xdata);
7  x0 = [120,-1];        %系数初始猜测值
8  x = nlinfit(xdata,ydata,fun,x0)
9  %------------------------------------
10 hold on
11 plot(xdata,ydata,'ko') %绘制原始数据点
12 x1=linspace(xdata(1),xdata(end));
13 y1=fun(x,x1);
14 plot(x1,y1,'b-')        %绘制拟合曲线
15 grid on
16 box on
17 legend(' 原始数据点',' 拟合曲线')
```

拟合系数为:

```
x =
   498.8309   -0.1013
```

因此，可得参数 $a = 498.8309$，$b = -0.1013$。原始数据与拟合曲线的比较，如图 5.8。上述两个例题中，指令 lsqcurvefit 与指令 nlinfit 的拟合结果完全相同。

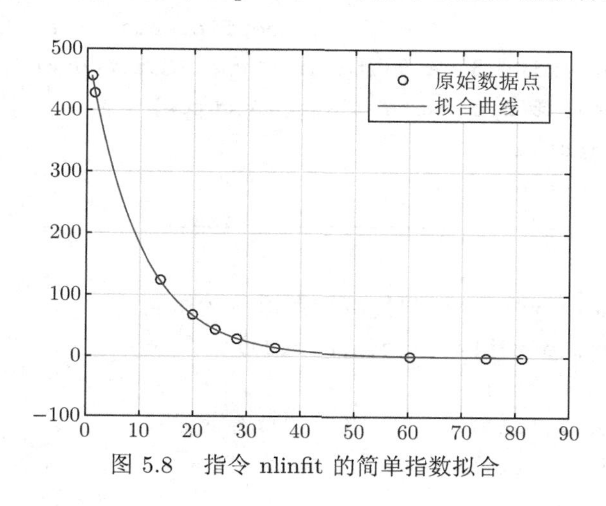

图 5.8 指令 nlinfit 的简单指数拟合

4. 曲线拟合指令 fit

指令 fit 是曲线拟合工具箱的函数，其功能与曲线拟合工具箱软件 cftool 类似。具体格式如下：

```
afittype = fittype(expression,name,value)
fitobject = fit(xdata,ydata,afitType)
```

各参数含量意义为：

xdata,ydata	原始数据点
expression	拟合函数表达式
name,value	拟合函数的变量设置

与指令 lsqcurvefit 和 nlinfit 不同，指令 fit 不必设置拟合系数初始值，用户也可以设置初始值以获得最佳拟合结果。

例 5.14 用指令 fit 进行与前面两个例题相同的简单指数拟合。程序如下：

```
1 cc
2 xdata = ...
3  [0.9 1.5 13.8 19.8 24.1 28.2 35.2 60.3 74.6 81.3];
4 ydata = ...
5  [455.2 428.6 124.1 67.3 43.2 28.1 13.1 -0.4 -1.3 -1.5];
```

```
6  xdata=xdata'; ydata=ydata';
7  afittype=fittype('a*exp(b*xdata)','independent',...
8                    {'xdata'},'coefficients',{'a','b'});
9  fitobject=fit(xdata,ydata,afittype,'StartPoint',[500,-10]);
10 % fitobject=fit(xdata,ydata,afittype)
11 a=fitobject.a
12 b=fitobject.b
13 %------------------------------------
14 hold on
15 plot(xdata,ydata,'ko') %绘制原始数据点
16 x1=linspace(xdata(1),xdata(end));
17 y1=a*exp(b*x1);
18 plot(x1,y1,'b-')        %绘制拟合曲线
19 grid on
20 box on
21 legend(' 原始数据点',' 拟合曲线')
```

指令 fit 的拟合结果与前面两个指令的拟合结果完全相同。

5. 曲线拟合工具箱软件 cftool

MATLAB 曲线拟合工具箱的功能非常强大也很方便，下面就通过一个实例介绍利用 MATLAB 拟合工具箱进行曲线拟合的步骤。

1) 准备原始数据

我们以一组多项式数据为例进行拟合。假如所产生的原始数据的多项式是 $y = 4x^3 + 3x^2 + 2$，数据准备过程如下：

```
x=0:0.25:2
y=4*x.^3+3*x.^2+2
```

具体数据如下：

```
x =
0      0.25  0.50  0.750  1.00  1.250   1.50   1.75   2.00
y =
2.00  2.25  3.25  5.375  9.00  14.50  22.25  32.625  46.00
```

2) 打开拟合工具箱界面

用指令 cftool 或者通过标签页 “应用程序”(APPS)，打开曲线拟合工具箱 (Curve Fitting Tool) 的操作界面，如图 5.9 所示。

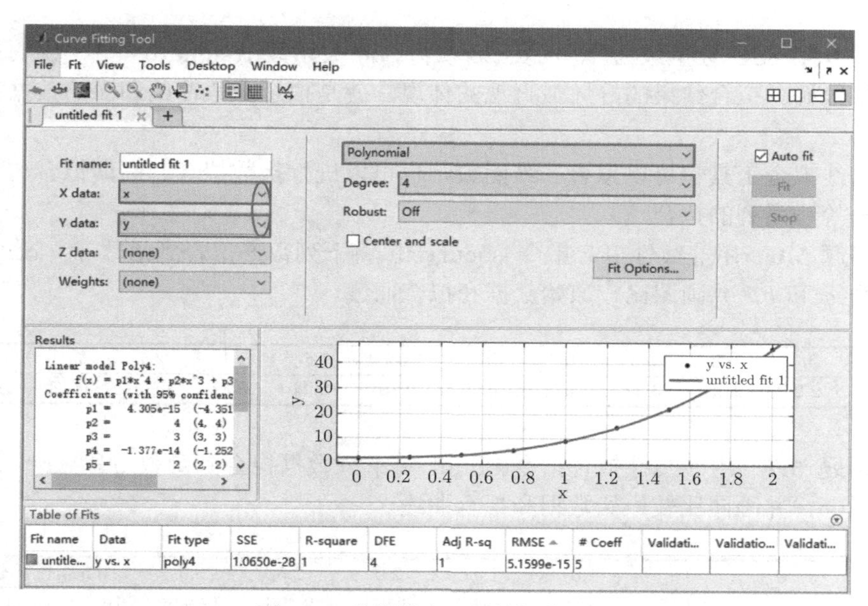

图 5.9　曲线拟合工具箱操作界面

3) 拟合操作步骤

首先，将原始数据导入工具箱。在标圈处，选择下拉菜单，分别将准备好的矢量 x 与矢量 y 选入。

其次，设置拟合函数表达式。选择右侧最上方的下拉菜单，然后再选择 polynomial (多项式) 选项。

下面的 Degree 是阶数，也就是 x 的最高次数。选择不同的 Degree，就会进行相应的多项式拟合。

界面左下角是拟合的结果，界面右下角是拟合曲线与原始数据点的比较图形。随着拟合函数的不同，拟合结果和拟合曲线会立即更新。

4) 结果分析

拟合的时候，一般情况下不知道要拟合的多项式是几阶的。一般调节 Degree 都是从 1 逐渐增大，只要精度符合要求就可以了，并不是阶数越高越好。

在操作界面找到拟合结果，最终拟合函数为

$$f(x) = 4.335\mathrm{e}-15x^4 + 4x^3 + 3x^2 + 9.322\mathrm{e}-15x + 2$$

四次项和一次项的系数分别为 4.335×10^{-15} 和 9.322×10^{-15}，这个数量级的系数可以认为是 0，所以拟合的结果是

$$f(x)=4x^3+3x^2+2$$

拟合的方差 SSE 数量级为 10 的负 28 次方，相关系数 R-square = 1，说明拟合的结果很好。拟合结果的好坏最直观的体现，就是拟合函数曲线和原始数据的符合程度。

曲线拟合工具箱可以拟合三维函数，也可以进行指数拟合、高斯拟合、幂函数拟合等一系列的拟合。

习题 5.6 用非线性拟合指令 lsqcurvefit 将下列数据拟合到函数 $y=ax^2+b$。求参数 a 和 b，并画图比较原始数据和拟合曲线。

xdata	0	0.3	0.6	0.9	1.2	1.5	1.8	2.1	2.4	2.7	3.0
ydata	2.2	2.48	3.32	4.71	6.66	9.18	12.24	15.87	20.06	24.71	30.1

习题 5.7 用非线性拟合指令 nlinfit 将下列数据拟合到函数 $y=ax^b$，求参数 a 和 b，并画图比较原始数据和拟合曲线。

xdata	0	0.5	1.0	1.5	2.0	2.5	3.0	3.5	4.0
ydata	0	0.616	2.000	3.985	6.498	9.496	12.946	16.825	21.112

5.6 半导体热敏电阻温度曲线的拟合

半导体材料的热电特性非常显著，因此，可以用来制作温度传感器。一般而言，在较大的温度范围内，半导体都具有负的电阻温度系数。载流子的浓度受温度的影响很大，因此，半导体的电阻率受温度影响也很大。随着温度的升高，热激发的载流子数量增加，导致电阻率减小，因此，呈现负的温度系数。实际应用的半导体往往通过掺杂工艺来改善半导体器件的性能，这些杂质原子的激发，同样对半导体的电输运性能产生很大的影响。在半导体中还存在晶格散射、电离杂质散射等多种散射机制，因此，半导体具有非常复杂的电阻温度关系，往往不能概括为一些简单的函数。但是，在某些温度区间，其电阻温度关系可以用经验公式来概括，如下面实验中涉及的半导体热敏电阻，它的阻值与温度关系近似满足

$$R=R_0\mathrm{e}^{B\left(\frac{1}{T}-\frac{1}{T_0}\right)}$$

式中 T 为绝对温度，R_0 是温度为 T_0 时的电阻 (初值)，R 是温度为 T 时的电阻，B 为温度系数 (热敏指数)。实验中，流经一具体半导体材料的恒定电流为 20μA，

测得半导体材料两端的电压 V (单位：mV) 随温度 t (单位：℃) 变化的一组数据 (图 5.10)，数据被实验仪器保存在一个电子表格中。根据上面的拟合函数对这组数据进行拟合，也就是求解公式中的参数 B 和 R_0，其中已知 $T_0 = 300\text{K}$。

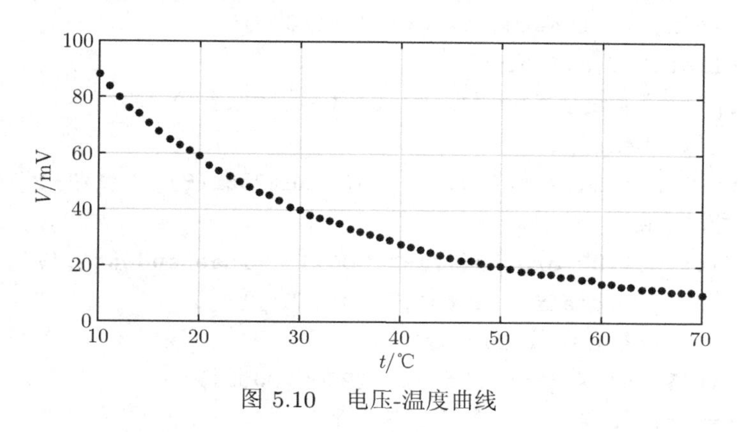

图 5.10 电压-温度曲线

用非线性拟合指令实现拟合：

```
1  % f2021120101.m
2  clear all;close all;clc;
3  t= [10 11 12 13 14 15 16 17 18 19 20 21 22 23 24 25,...
4      26 27 28 29 30 31 32 33 34 35 36 37 38 39 40 41,...
5      42 43 44 45 46 47 48 49 50 51 52 53 54 55 56 57,...
6      58 59 60 61 62 63 64 65 66 67 68 69 70];
7  V= [88 84 80 76 74 71 68 65 63 61 59 56 54 52 50 48,...
8      46 45 43 41 40 38 37 36 35 33 32 31 30 29 28 27,...
9      26 25 24 23 22 22 21 20 20 19 18 18 17 17 16 16,...
10     15 15 14 14 13 13 12 12 12 11 11 11 10];
11 T=t+273.16;
12 R=V*10^-3/(20*10^-6);
13 %用非线性最小二乘拟合函数 lsqcurvefit 进行拟合
14 x0=[2600,1000];
15 fun=@(x,T)x(1)*exp(x(2)*(1./T-1/300));
16 x=lsqcurvefit(fun,x0,T,R);
17 disp(' 用非线性最小二乘拟合函数 lsqcurvefit 进行拟合');
18 R0=x(1);B=x(2);
```

```
19  disp(['R=',num2str(R0),'*exp(',num2str(B),'*(1/T-1/T0))']);
20  %用非线性拟合函数 nlinfit 进行拟合
21  x0=[2000,100];
22  fun=@(x,T)x(1)*exp(x(2)*(1./T-1/300));
23  x=nlinfit(T,R,fun,x0);
24  disp(' 用非线性拟合函数 nlinfit 进行拟合');
25  R0=x(1);B=x(2);
26  disp(['R=',num2str(R0),'*exp(',num2str(B),'*(1/T-1/T0))']);
27  %用拟合函数 fit 进行拟合
28  X=fittype('R0*exp(B*(1/T-1/300))','independent','T',...
29          'coefficients',{'R0','B'});
30  disp(' 用拟合函数 fit 进行拟合');
31  Y=fit(T',R',X,'StartPoint',[2600,3000]);
32  %Y=fit(T,R,X) 也可得到正确结果
33  disp(['R=',num2str(Y.R0),'*exp(',num2str(Y.B),...
34      '*(1/T-1/T0))']);
```

计算结果如下：

```
用非线性最小二乘拟合函数 lsqcurvefit 进行拟合
R=2230.4328*exp(3407.2163*(1/T-1/T0))
用非线性拟合函数 nlinfit 进行拟合
R=2230.4328*exp(3407.2163*(1/T-1/T0))
用拟合函数 fit 进行拟合
R=2230.4328*exp(3407.2159*(1/T-1/T0))
```

这个例子的情况比较简单，三个拟合指令给出了相同的拟合结果。如果遇到比较复杂的拟合对象，可以根据具体状况选择合适的拟合指令。

第 6 章　解常微分方程

在物理研究和工程技术中，很多时候需要求解常微分方程。在高等数学课程中，给出了一些特殊常微分方程的解析求解方法，但是在实际应用中，几乎所有的常微分方程是无法解析求解的。围绕常微分方程的求解问题，本章介绍了求解初值问题的龙格-库塔 (Runge-Kutta) 法、求解初值问题的 MATLAB 指令、求解边值问题和本征值问题的打靶法等内容。

6.1　微分方程的有关概念

首先，我们来回顾微分方程的定义和分类。含有自变量、未知函数及其导数的方程称为微分方程；如果未知函数只含有一个自变量，则称其为常微分方程；如果未知函数含有两个以上自变量，则称其为偏微分方程。微分方程中未知函数的导数或偏导数的最高阶次称为微分方程的阶。例如，微分方程

$$\frac{\mathrm{d}y}{\mathrm{d}t} = a - by$$

是一阶常微分方程，而微分方程

$$\frac{\partial^2 u(x,t)}{\partial t^2} = a^2 \frac{\partial^2 u(x,t)}{\partial x^2}$$

是二阶偏微分方程。

所有满足微分方程的函数，都是微分方程的解；在 n 阶微分方程中，将微分方程含有 n 个任意常数的解称为该微分方程的通解。为确定微分方程通解中的任意常数而需要的条件称为定解条件，定解条件分为两类：初始条件和边界条件。根据定解条件的不同，常微分方程分为初值问题和边值问题；若定解条件描述了函数在任意一点 (或初始点) 处的状态，则称其为初值问题。例如，一阶常微分方程的初值问题可以表示成

$$\begin{cases} \dfrac{\mathrm{d}y}{\mathrm{d}t} = f(t,y), \quad a \leqslant t \leqslant b, \\ y(t_0) = y_0 \end{cases}$$

若定解条件描述了函数在至少两点 (或边界) 处的状态，则称其为边值问题。例如，二阶常微分方程的边值问题可以表示成

$$\begin{cases} \dfrac{\mathrm{d}^2 y}{\mathrm{d}x^2} = f(x, y, y'), \quad a \leqslant x \leqslant b, \\ y(x_1) = y_1, \quad y(x_2) = y_2 \end{cases}$$

6.2 龙格-库塔法

数值求解常微分方程初值问题，最常用的方法是龙格-库塔法。龙格-库塔方法的实现原理较为简单，同时采取有效措施对误差进行抑制，是一种在工程技术上应用广泛的高精度算法。

6.2.1 龙格-库塔法基本思想

1. 常微分方程的数值求解思想

如果已知函数在初始点处的值，一阶常微分方程的初值问题可以表示成

$$\begin{cases} \dot{y} = f(t, y), \quad a \leqslant t \leqslant b, \\ y(a) = y_0 \end{cases}$$

这里 $\dot{y}$ 表示一阶导数。

取步长为 $h = (b-a)/n$，将区间分成 n 个子区间，同时获得一系列离散点

$$a = t_0 < t_1 < \cdots < t_i < \cdots < t_n = b$$

数值方法解方程的目标就是要得到在一系列离散点上的近似的 $y(t_i)$，由中值定理得

$$\frac{y(t_{i+1}) - y(t_i)}{h} = \dot{y}(t_i + \theta h), \quad 0 < \theta < 1$$

上式可改写为

$$y(t_{i+1}) = y(t_i) + hk_{\text{ave}} \tag{6.1}$$

其中，平均斜率为

$$k_{\text{ave}} = f(t_i + \theta h, y(t_i + \theta h))$$

递推公式 (6.1) 表明，如果能确定平均斜率，就能从 $y(t_i)$ 求出后面的 $y(t_{i+1})$。在**后面的各种方法中，实质就是用不同的方法确定不同精度的平均斜率。**

2. 欧拉法

欧拉法是最简单的一种方法，也是其他方法的基础。取 $k_{\text{ave}} = f(t_i, y_i)$，即以 t_i 点的斜率作为平均斜率，得到欧拉公式为

$$y_{i+1} = y_i + hf(t_i, y_i)$$

欧拉公式看似简单粗糙，但后面的例子表明，只要步长足够小，也能得到较为满意的结果。值得注意的是，欧拉方法根本不关心微分方程中表达式 $f(t, y)$ 的具体数学形式，无论表达式 $f(t, y)$ 是简单还是复杂，其求解步骤完全一样，这是所有常微分方程数值求解方法的共同特点，也是数值方法求解能力强大的关键所在。

如果取 t_i，t_{i+1} 斜率的平均值作为平均斜率，则得改进的欧拉公式为

$$y_{i+1} = y_i + \frac{h}{2}(K_1 + K_2)$$

其中 K_1 和 K_2 分别为 t_i 和 t_{i+1} 两点的斜率值。

由于 t_{i+1} 的斜率 K_2 还是未知值，所以采用下面介绍的**预报法**来计算。先用欧拉法求得 $y(t_{i+1})$ 的预报值

$$\bar{y}_{i+1} = y_i + hK_1 = y_i + hf(t_i, y_i)$$

再用预报值计算 t_{i+1} 处的斜率值

$$K_2 = f(t_{i+1}, \bar{y}_{i+1}) = f(t_{i+1}, y_i + hf(t_i, y_i))$$

于是

$$\begin{aligned} y_{i+1} &= y_i + \frac{h}{2}(K_1 + K_2) \\ &= y_i + \frac{h}{2}[f(t_i, y_i) + f(t_{i+1}, y_i + hf(t_i, y_i))] \end{aligned} \tag{6.2}$$

方程 (6.2) 就是改进的欧拉公式，通常写成

$$\begin{cases} y_{i+1} = y_i + \dfrac{h}{2}(K_1 + K_2), \\ K_1 = f(t_i, y_i), \\ K_2 = f(t_i + h, y_i + hK_1) \end{cases}$$

欧拉法和改进的欧拉法的子程序如下：

```
1  function [x p y] = euler(f,x0,y0,xn,n)
2  %f 是微分方程右侧表达式 f(t,y) 的函数形式
3  %自变量区间 x0,xn; 初值 y0; 步数 n
4  h = (xn-x0)/n;
5  x = x0:h:xn;
6  p(1) = y0;  %设置欧拉法的初值
7  y(1) = y0;  %设置改进的欧拉法的初值
8      for i = 1:n
9          p(i+1) = p(i)+h*f(x(i),p(i));  %欧拉法
10         y0(i+1) = y(i)+h*f(x(i),y(i));
11         %预测值, 用于改进的欧拉法, 不能以 p(i+1) 替代
12         y(i+1) = y(i)+h/2*(f(x(i),y(i))+f(x(i+1),y0(i+1)));
13                 %改进的欧拉公式
14     end
15 end
```

例 6.1 用欧拉法解初值问题

$$\begin{cases} \dot{y} = y - 2x/y, \quad 0 \leqslant x \leqslant 1, \\ y(0) = 1 \end{cases}$$

并将数值解与解析解 $y = (1+2x)^{1/2}$ 进行比较。计算程序如下:

```
1  function f2016111501
2  x0 = 0; xn = 1; y0 = 1; n = 10;
3  %自变量区间 x0,xn; 初值 y0; 步数 n
4  [x p y] = euler(@f01,x0,y0,xn,n);
5  z = sqrt(1+2*x);
6  plot(x,p,'r.',x,y,'b',x,z,'k--');
7  legend(' 欧拉法',' 改进的欧拉法',' 精确解');
8  xlabel('x');ylabel('y');grid on;
9  end
10 function f = f01(x,y)
11 f = y -2*x/y;
12 end
13 function [x p y] = euler(f,x0,y0,xn,n)
```

```
14        (略)
15    end
```

结果显示 (图 6.1)，改进的欧拉法比欧拉法更精确，其中的原因后面章节会说明，同时随着计算的进行，积累误差在增加。

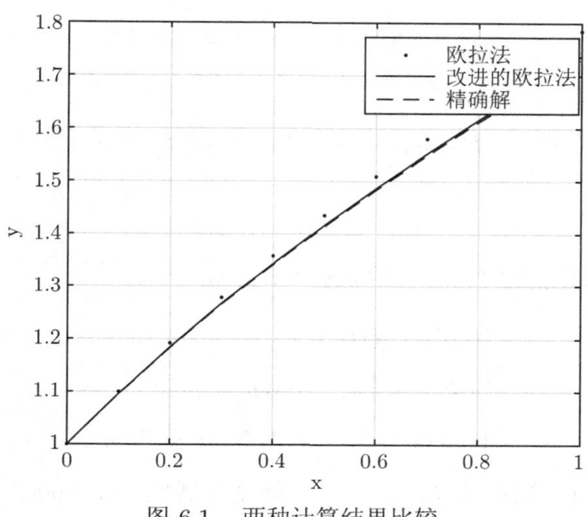

图 6.1 两种计算结果比较

3. 龙格-库塔法的平均斜率

由改进的欧拉法可见，也许取更多点的斜率值作平均当作平均斜率，可以提高精度，这一思路被证明是可行的。用多点的斜率值作加权平均当作平均斜率 k_{ave}，正是龙格-库塔法的基本思想。

一般的龙格-库塔法可以写成

$$y_{i+1} = y_i + h\sum_{m=1}^{N}\lambda_m K_m$$

式中

$$\begin{aligned} K_1 &= f(t_i, y_i) \\ K_m &= f\left(t_i + \alpha_m h, y_i + h\sum_{j=1}^{m-1}\beta_{mj}K_j\right), \quad m = 2, 3, \cdots, N \end{aligned}$$

其中的 λ_m，α_m，β_{mj} 都是常数，确定这些常数的原则是：使局部截断误差关于 h 的阶数尽可能高。后面可以看到，确定这些常数的过程并不复杂。

6.2.2 二阶龙格-库塔法

如果在改进的欧拉公式中将边界点 t_{i+1} 替换为区间内的某个点

$$t_{i+p} = t_i + ph \quad (0 < p \leqslant 1)$$

还是将它的斜率记为 K_2。利用欧拉公式得 K_2 的预报值

$$\bar{y}_{i+p} = y_i + phK_1$$

求得

$$K_2 = f(t_{i+p}, \bar{y}_{i+p}) = f(t_i + ph, y_i + phK_1)$$

平均斜率则取

$$k_{\text{ave}} = \lambda_1 K_1 + \lambda_2 K_2$$

其中 λ_1，λ_2 是待定的系数。这样得到的公式为

$$\begin{cases} K_1 = f(t_i, y_i), \\ K_2 = f(t_i + ph, y_i + phK_1), \\ y_{i+1} = y_i + h(\lambda_1 K_1 + \lambda_2 K_2) \end{cases} \tag{6.3}$$

现在的任务是如何选取参数 λ_1，λ_2，p，能使公式的局部截断误差关于 h 的阶尽可能高。为了完成这个任务，将 K_1 和 K_2 整理为

$$\begin{aligned} K_1 &= f(t_i, y_i) = \dot{y}(t_i) \\ K_2 &= f(t_i + ph, y_i + phK_1) \\ &= f(t_i, y_i) + ph\dot{f}(t_i, y_i) + O(h^2) \\ &= \dot{y}(t_i) + ph\ddot{y}(t_i) + O(h^2) \end{aligned}$$

于是，式 (6.3) 中的 y_{i+1} 可表示为

$$y_{i+1} = y(t_i) + h(\lambda_1 + \lambda_2)\dot{y}(t_i) + \lambda_2 ph^2 \ddot{y}(t_i) + O(h^3) \tag{6.4}$$

同时，精确函数值 $y(t_{i+1})$ 在 t_i 处的泰勒展开式为

$$y(t_{i+1}) = y(t_i) + h\dot{y}(t_i) + \frac{h^2}{2}\ddot{y}(t_i) + O(h^3) \tag{6.5}$$

此时，y_{i+1} 与精确函数值 $y(t_{i+1})$ 之间的差别是不可控的，也就是说式 (6.4) 的误差是不可控的。为了控制这个差别，将式 (6.4) 与式 (6.5) 对比可见，若

$$\begin{cases} \lambda_1 + \lambda_2 = 1, \\ \lambda_2 p = \dfrac{1}{2} \end{cases} \tag{6.6}$$

则可保证式 (6.4) 的局部截断误差达到 $O(h^3)$。这里有三个参数的两个方程，它可以有无穷组解，所有满足条件 (6.6) 的递推式 (6.4) 统称为二阶龙格-库塔公式。当选取

$$\lambda_1=\lambda_2=\frac{1}{2},\quad p=1$$

时，就得到前面的改进的欧拉公式。如果取中点 $t_{i+1/2}$ 的斜率为 K_2，即取

$$p=1/2,\quad \lambda_1=0,\quad \lambda_2=1$$

就得到变形的欧拉公式 (中点公式) 为

$$\begin{cases} y_{i+1}=y_i+hK_2, \\ K_1=f(t_i,y_i), \\ K_2=f\left(t_i+\dfrac{h}{2},y_i+\dfrac{h}{2}K_1\right) \end{cases}$$

6.2.3 三阶与四阶龙格-库塔法

三阶的龙格-库塔公式是以三个点 t_i，t_{i+p}，t_{i+q} 的斜率值 K_1，K_2，K_3 的加权平均作为 k_{ave}，所得的公式形式为

$$y_{i+1}=y_i+h(\lambda_1K_1+\lambda_2K_2+\lambda_3K_3)$$

假定 K_1，K_2 仍取式 (6.3)，第三个点 t_{i+q} 的取法是

$$t_{i+q}=t_i+qh,\quad 0<p\leqslant q\leqslant 1$$

然后利用 K_1，K_2 来预报 $y(t_{i+q})$ 得到

$$\begin{aligned} \bar{y}_{i+q}&=y_i+qh(rK_1+sK_2) \\ K_3&=f(t_{i+q},\bar{y}_{i+q}) \\ &=f(t_{i+q},y_i+qh(rK_1+sK_2)) \end{aligned}$$

所得的公式形式为

$$\begin{cases} y_{i+1}=y_i+h(\lambda_1K_1+\lambda_2K_2+\lambda_3K_3), \\ K_1=f(t_i,y_i), \\ K_2=f(t_i+ph,y_i+phK_1), \\ K_3=f(t_i+qh,y_i+qh(rK_1+sK_2)) \end{cases} \tag{6.7}$$

适当地选择其中的参数，可使局部截断误差为 $O(h^4)$ 。为此，只要利用泰勒展开，并采用类似于 6.2.2 节的推导方法，可以得到七个参数所满足的五个条件：

$$\begin{cases} \lambda_1 + \lambda_2 + \lambda_3 = 1, \\ \lambda_2 p + \lambda_3 q = 1/2, \\ \lambda_2 p^2 + \lambda_3 q^2 = 1/3, \\ r + s = 1, \\ \lambda_3 pqs = 1/6 \end{cases} \tag{6.8}$$

它有无穷组解，所有满足条件 (6.8) 的递推式 (6.7) 统称为三阶龙格-库塔公式。下面就是其中的一种：

$$\begin{cases} y_{i+1} = y_i + \dfrac{h}{6}(K_1 + 4K_2 + K_3), \\ K_1 = f(t_i, y_i), \\ K_2 = f\left(t_i + \dfrac{h}{2}, y_i + \dfrac{h}{2}K_1\right), \\ K_3 = f(t_i + h, y_i + h(-K_1 + 2K_2)) \end{cases}$$

经过类似的数学推导可以得出四阶龙格-库塔公式，也就是在工程中应用广泛的经典龙格-库塔算法。计算公式是

$$\begin{cases} y_{i+1} = y_i + \dfrac{h}{6}(K_1 + 2K_2 + 2K_3 + K_4), \\ K_1 = f(t_i, y_i), \\ K_2 = f\left(t_i + \dfrac{h}{2}, y_i + \dfrac{hK_1}{2}\right), \\ K_3 = f\left(t_i + \dfrac{h}{2}, y_i + \dfrac{hK_2}{2}\right), \\ K_4 = f(t_i + h, y_i + hK_3) \end{cases} \tag{6.9}$$

经典龙格-库塔法的总体截断误差是 $O(h^5)$，具有计算精度高和算法稳定等优点。

根据式 (6.9)，可以直接编写如下四阶龙格-库塔法程序 rk4.m。

```
function y = rk4(f,a,b,ya,n)
h = (b-a)/n;
x = a:h:b;
y(1) = ya;
    for i = 1:n
        k1 = f(x(i),y(i));
        k2 = f(x(i)+h/2,y(i)+h/2*k1);
        k3 = f(x(i)+h/2,y(i)+h/2*k2);
        k4 = f(x(i)+h,y(i)+h*k3);
        y(i+1) = y(i)+h/6*(k1+2*k2+2*k3+k4);
    end
end
```

例 6.2 采用经典的龙格-库塔法，在区间 $[2,3]$ 上求解下面的常微分方程：

$$\begin{cases} \dot{y} = x\sqrt{y}, \\ y(2) = 4 \end{cases}$$

上面常微分方程的精确解是 $y = (1 + 0.25x^2)^2$。请绘图比较常微分方程的数值解和精确解。

解 数值计算程序如下：

```
function f2018112901
clc; close all; clear all
n = 11 ; a = 2 ; b = 3; y(1) = 4 ;
h = (b-a)/n ; x = a:h:b;
f = @(x,y)x*sqrt(y);
y = rk4(f,a,b,y(1),n);
xe = linspace(a,b,100);
ye = (1+0.25*xe.*xe).^2;
plot(xe,ye,'-',x,y,'o','LineWidth',2);
xlabel('x');ylabel('y');
legend(' 精确解',' 数值解');
grid on;
end
```

```
14  function y = rk4(f,a,b,ya,n)
15  (略)
16  end
```

计算结果见图 6.2，结果显示，经典的龙格-库塔法具有较高的计算精度。

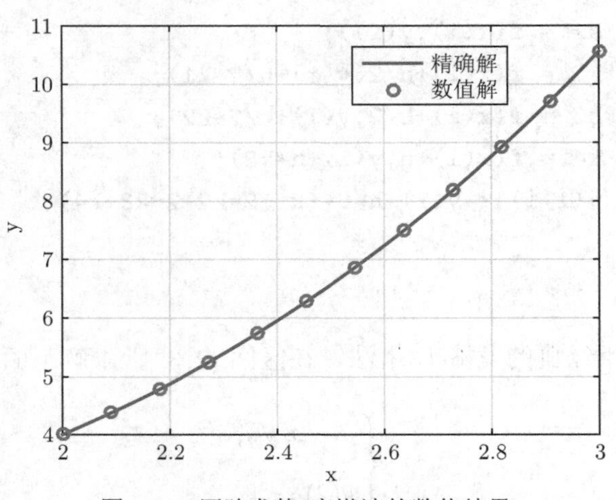

图 6.2　四阶龙格-库塔法的数值结果

例 6.3　已知一质点从静止自高空下落，设重力加速度始终保持一常量，质点所受空气阻力与其速率成正比，方向与速度相反，求质点速度[7]。

解　以开始下落处为坐标原点的坐标系 Oy，竖直向下的方向为坐标轴正方向，同时，以开始下落时为时间起点。质点受重力 $G = mg$ 和阻力 $F_f = -\gamma v$，其中，v 为质点速度，γ 为风阻系数常量。质点动力学方程为

$$m\frac{\mathrm{d}v}{\mathrm{d}t} = G + (-\gamma v)$$

整理成微分方程的标准形式

$$\frac{\mathrm{d}v_y}{\mathrm{d}t} = g - \frac{\gamma}{m}v_y$$

其精确解是

$$v_y = \frac{mg}{\gamma}(1 - \mathrm{e}^{-\frac{\gamma}{m}t})$$

数值计算程序如下：

```
function f2021052601
clc; clear all; close all
m=1;gamma=1;
n = 11 ; a = 0 ; b = 10; y0 = 0 ;
h = (b-a)/n ; x = a:h:b;
f=@(t,y)9.8-gamma/m*y;
y = rk4(f,a,b,y0,n);
xe = linspace(a,b,100);
ye = 9.8*m/gamma*(1-exp(-1*gamma/m.*xe));
plot(xe,ye,'-',x,y,'o','LineWidth',2);
xlabel('t(秒)');ylabel('v_y(米/秒)');
legend(' 精确解',' 数值解');
grid on;
end
function y = rk4(f,a,b,ya,n)
(略)
end
```

计算结果如图 6.3 所示，数值解与精确解完全吻合。由此结果可见，质点自静止开始，速度逐渐增加并达到一最大极限值，这样的物理过程在生活中非常常见，比如下雨时雨滴不会伤到人，再比如跳伞运动员会以一个较慢的速度着陆。

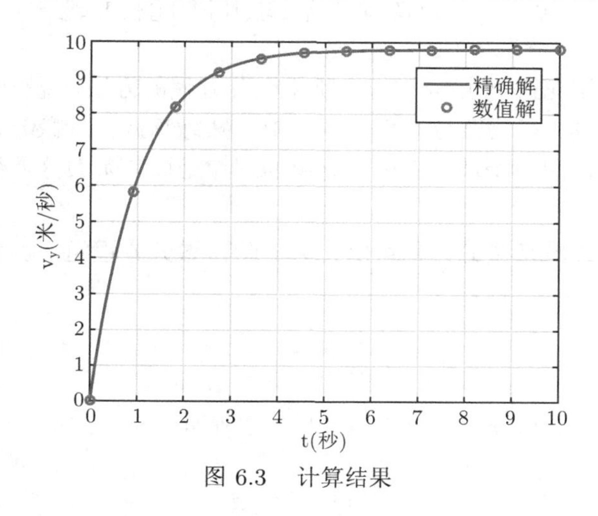

图 6.3 计算结果

习题 6.1 用欧拉法和改进的欧拉法在区间 [0,4] 上求解指数衰减问题的微分方程：

$$\begin{cases}\dfrac{\mathrm{d}y}{\mathrm{d}t}=-y,\\ y(0)=2\end{cases}$$

并绘图比较数值解与解析解 $y(t)=2\exp(-t)$。

习题 6.2　用欧拉法和改进的欧拉法在区间 [0,4] 上求解常微分方程初值问题：

$$\begin{cases}\dot{y}+y+xy^2=0,\\ y(0)=2\end{cases}$$

并绘图比较数值解与解析解 $y(x)=\left(\dfrac{3}{2}\mathrm{e}^x-x-1\right)^{-1}$。

习题 6.3　采用龙格-库塔法在区间 [4,5] 上求解常微分方程初值问题：

$$\begin{cases}4\dot{y}-xy+y^2=0,\\ y(4)=5\end{cases}$$

并绘制数值解曲线。

6.3　常微分方程组的初值问题

以上介绍了用龙格-库塔公式求一阶常微分方程的方法，现在学习如何求解高阶常微分方程以及一阶常微分方程组。其中，熟练掌握二阶微分方程的数值计算步骤尤其有意义，因为物理学中许多重要的规律是以二阶微分方程的数学形式给出的。

在数学上，**二阶常微分方程可以化为一阶常微分方程组**，例如，对于二阶常微分方程

$$\frac{\mathrm{d}^2x}{\mathrm{d}t^2}=-x^2$$

令 $Q_1(t)=x$，$Q_2(t)=\dot{x}$，则原方程可写为方程组

$$\begin{cases}\dot{Q}_1=Q_2,\\ \dot{Q}_2=-Q_1^2\end{cases}\tag{6.10}$$

为了在程序中编写和调用方程组函数，可以把方程组写成为向量形式。方程组 (6.10) 的向量形式可写为

$$\dot{\boldsymbol{Q}} = \begin{pmatrix} \dot{Q}_1 \\ \dot{Q}_2 \end{pmatrix} = \begin{pmatrix} Q_2 \\ -Q_1^2 \end{pmatrix}$$

下面把求解一阶常微分方程初值问题的解法推广到一阶常微分方程组的情形，关键步骤是将式 $\begin{cases} \dot{y} = f(t,y), & a \leqslant t \leqslant b, \\ y(a) = y_0 \end{cases}$ 中的待求函数 y 和已知函数 f 理解为列向量。下面用四阶的经典龙格-库塔公式为例加以说明。一阶常微分方程组的初值问题的向量形式为

$$\begin{cases} \dot{\boldsymbol{Q}} = \boldsymbol{f}(t, \boldsymbol{Q}), \\ \boldsymbol{Q}(t_0) = \boldsymbol{Q}_0 \end{cases}$$

其中

$$\begin{cases} \boldsymbol{Q} = (Q_1, Q_2, \cdots, Q_n)^{\mathrm{T}}, \\ \boldsymbol{f} = (f_1, f_2, \cdots, f_n)^{\mathrm{T}} \end{cases}$$

这里上角 T 表示转置，写成分量的形式就是

$$\begin{cases} \dot{Q}_m = f_m(t, Q_1, Q_2, \cdots, Q_n), \\ Q_m(t_0) = Q_{m0}, \end{cases} \quad m = 1, 2, \cdots, n$$

其相应四阶的经典龙格-库塔公式为

$$\begin{cases} Q_{m,i+1} = Q_{mi} + \dfrac{h}{6}(K_{m1} + 2K_{m2} + 2K_{m3} + K_{m4}), \\ K_{m1} = f_m(t_i, Q_{1i}, \cdots, Q_{ni}), \\ K_{m2} = f_m\left(t_i + \dfrac{h}{2}, Q_{1i} + \dfrac{h}{2}K_{11}, \cdots, Q_{ni} + \dfrac{h}{2}K_{n1}\right), \\ K_{m3} = f_m\left(t_i + \dfrac{h}{2}, Q_{1i} + \dfrac{h}{2}K_{12}, \cdots, Q_{ni} + \dfrac{h}{2}K_{n2}\right), \\ K_{m4} = f_m(t_i + h, Q_{1i} + hK_{13}, \cdots, Q_{ni} + hK_{n3}) \end{cases} \tag{6.11}$$

计算顺序为：首先，利用第 i 步 n 个节点值 $Q_{1i}, Q_{2i}, \cdots, Q_{ni}$，计算 n 个 K_{m1}，再利用 n 个节点值和 n 个 K_{m1} 计算 n 个 K_{m2}，以此类推，还可以计算出 n 个

K_{m3} 和 n 个 K_{m4}，也就是

$$Q_{mi} \to K_{m1} \to K_{m2} \to K_{m3} \to K_{m4}$$

然后，利用方程 (6.11) 中的递推公式即可求得下一步的 n 个节点值

$$Q_{1,i+1}, Q_{2,i+1}, \cdots, Q_{n,i+1}$$

根据以上分析和推导，可以编写一阶 n 维常微分方程组数值求解子程序：

```
1  function [x,Q] = rk4s(f,a,b,Q0,n)
2  h = (b-a)/n; x = a:h:b; Q(:,1) = Q0;
3      for i = 1:n
4              k1 = f(x(i),Q(:,i));
5              k2 = f(x(i)+h/2,Q(:,i)+h*k1/2);
6              k3 = f(x(i)+h/2,Q(:,i)+h*k2/2);
7              k4 = f(x(i)+h,Q(:,i)+h*k3);
8              Q(:,i+1) = Q(:,i)+h*(k1+2*k2+2*k3+k4)/6;
9      end
10 end
```

上面程序中，矩阵 Q 的每个行向量对应解的一个分量，矩阵 Q 的每个列向量对应一个自变量节点上解的所有分量。

例 6.4 用程序 rk4s.m 求解下面微分方程在区间 [0, 1] 上的数值解。

$$\begin{cases} \ddot{x} = x^2 + 1, \\ x|_{t=0} = 0, \quad \dot{x}|_{t=0} = 2 \end{cases}$$

解 程序如下：

```
1  function f2018121001
2  Q0 = [0;2];
3  fun = @(x,Q)[Q(2);Q(1)^2+1];
4  [x,Q] = rk4s(fun,0,1,Q0,20);
5  plot(x,Q(1,:),'b-o','LineWidth',2);
6  xlabel('x');ylabel('y');grid on;
7  end
8  %-----------------------------------------------
9  function [x, Q] = rk4s(f,a,b, Q0, n)
```

```
10 (略)
11 end
```

输出图形如图 6.4。

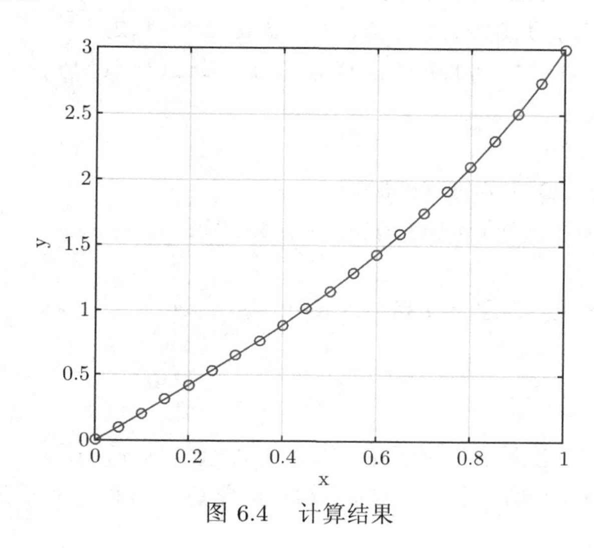

图 6.4 计算结果

例 6.5 用程序 rk4s.m 计算带电粒子在均匀磁场中受洛伦兹力作用的运动轨迹[2]。

解 带电粒子在均匀磁场中的运动方程为

$$m\frac{\mathrm{d}\boldsymbol{v}}{\mathrm{d}t} = q\boldsymbol{v} \times \boldsymbol{B}$$

或写为

$$\frac{\mathrm{d}\boldsymbol{v}}{\mathrm{d}t} = \boldsymbol{v} \times \boldsymbol{\omega}_c, \quad \boldsymbol{\omega}_c = q\boldsymbol{B}/m$$

$\boldsymbol{\omega}_c$ 是回旋频率。如果取均匀磁场方向为 z 轴方向，有如下分量关系：

$$\frac{\mathrm{d}x}{\mathrm{d}t} = v_x, \quad \frac{\mathrm{d}y}{\mathrm{d}t} = v_y, \quad \frac{\mathrm{d}z}{\mathrm{d}t} = v_z, \quad \frac{\mathrm{d}v_x}{\mathrm{d}t} = \omega_c v_y, \quad \frac{\mathrm{d}v_y}{\mathrm{d}t} = -\omega_c v_x, \quad \frac{\mathrm{d}v_z}{\mathrm{d}t} = 0$$

设 $Q_1 = x, Q_2 = y, Q_3 = z, Q_4 = v_x, Q_5 = v_y, Q_6 = v_z$，则

$$\begin{aligned} &\frac{\mathrm{d}Q_1}{\mathrm{d}t} = Q_4, \quad \frac{\mathrm{d}Q_2}{\mathrm{d}t} = Q_5, \quad \frac{\mathrm{d}Q_3}{\mathrm{d}t} = Q_6, \\ &\frac{\mathrm{d}Q_4}{\mathrm{d}t} = \omega_c Q_5, \quad \frac{\mathrm{d}Q_5}{\mathrm{d}t} = -\omega_c Q_4, \quad \frac{\mathrm{d}Q_6}{\mathrm{d}t} = 0 \end{aligned}$$

下面是解题程序：

```
1  function f2018112903
2  n = 500; Q0 = [0,1,0,1,0,1];%行列皆可
3  [x,Q]=rk4s(@dfun,0,50,Q0,n);
4  plot3(Q(1,:),Q(2,:),Q(3,:),'LineWidth',2);
5  xlabel('x(t)');ylabel('y(t)');zlabel('z(t)');
6  grid on;
7  end
8  function dQ = dfun(t,Q)
9  dQ = [Q(4);Q(5);Q(6);Q(5);-Q(4);0];
10 end
11 function [x, Q] = rk4s(f,a,b, Q0, n)
12 (略)
13 end
```

计算结果见图 6.5。上面这个例子中，微分方程组包括 x，y，z 三个待求函数，它们都是自变量 t 的函数，因此，这时依然是解常微分方程，而不是解偏微分方程，这一点需要注意。

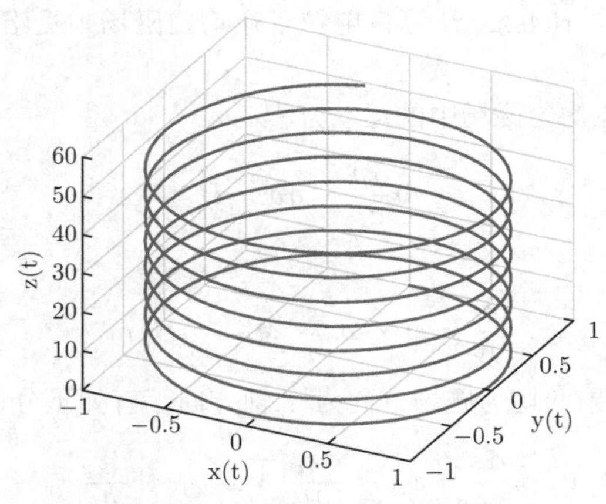

图 6.5　带电粒子在均匀磁场中的运动

习题 6.4　用程序 rk4s.m 求解下面微分方程在区间 [0,1] 上的数值解，并绘制数值解曲线。

$$\begin{cases}\ddot{y}-2\dot{y}+2y=\mathrm{e}^{2x},\\ y|_{x=0}=-0.4,\quad \dot{y}|_{x=0}=-0.6\end{cases}$$

6.4 用 MATLAB 指令解常微分方程

MATLAB 提供了若干求解常微分方程的指令，在使用中只需要按照规定的格式调用即可。本节以最常用的指令 ode45 为例，介绍用 MATLAB 指令解常微分方程。指令 ode45 使用了龙格-库塔法的四阶、五阶算法，是解决问题的首选，其语句格式如下：

```
[T,Q]=ode45(odefun,tspan,Q0)
[T,Q]=ode45(odefun,tspan,Q0,options)
```

其含义为：

odefun	待求常微分方程的函数句柄
tspan	单调递增（减）的积分区间 [t0,tfinal] 或 [t0,t1,...,tfinal]
Q0	初始条件矢量（行向量和列向量都可以） 矢量元素的排列顺序与函数中的元素顺序一致
options	用 odeset 建立的优化选项，如用默认值则不必输入
T,Q	T 是输出的时间列向量、矩阵 Q 的每个列向量是解的一个分量

指令 ode45 与 6.3 节的程序 rk4s 之间有一个明显的不同，就是输出结果中矩阵 $\boldsymbol{Q}$ 的每个列向量是解的一个分量。

例 6.6 使用指令 ode45 在区间 [0, 3] 上求解常微分方程

$$\begin{cases}\ddot{x}=-x^2/3,\\ x|_{t=0}=0,\ \ \dot{x}|_{t=0}=2\end{cases}$$

解 令

$$\boldsymbol{Q}=\begin{pmatrix}Q_1\\Q_2\end{pmatrix}=\begin{pmatrix}x\\\dot{x}\end{pmatrix}$$

则原方程可用方程组表示并写成列向量形式

$$\dot{\boldsymbol{Q}}=\begin{pmatrix}\dot{Q}_1\\\dot{Q}_2\end{pmatrix}=\begin{pmatrix}Q_2\\-Q_1^2/3\end{pmatrix}$$

根据上式，编写计算程序如下：

```
1  cc
2  F=@(t,Q)[Q(2);-Q(1)^2/3]
3      %将常微分方程编成匿名函数，使用的是列向量的形式
4  [t,Q]=ode45(F,[0,3],[0,2]);    %用指令求解方程
5  plot(t,Q(:,1),'-o',t,Q(:,2),'-*')    %输出两个分量的图形
6  legend('Q1','Q2')
7  grid on
```

计算结果如图 6.6 所示。

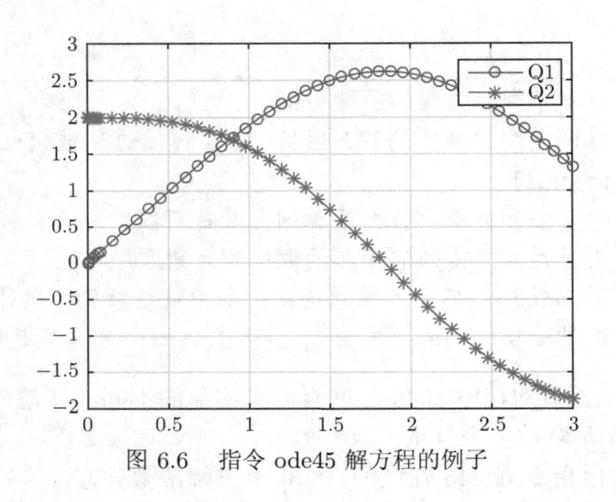

图 6.6　指令 ode45 解方程的例子

调用指令求解方程之前一般包含两个步骤：一是将常微分方程编写为子函数，二是设置求解条件。具体如下。

1. 将微分方程表示为子函数

在上面例子中是用匿名函数来表示常微分方程的。遇到更复杂的情况时，可以使用函数文件来表示常微分方程，然后在主程序中使用函数句柄调用这个子函数文件：

```
function Qdot=odefun(t,Q)
    Qdot=[在括号内插入 t 和 (或)Q 的函数]   %使用列向量
end
```

在这里，t 是标量，Q 是列矢量，Qdot 是列矢量 $\mathrm{d}\boldsymbol{Q}/\mathrm{d}t$。前面的例子可以编写成如下程序：

```
1 function demoode45
2     [t,Q]=ode45(@F,[0,3],[0,2]);    %用指令求解方程
3     plot(t,Q(:,1),t,Q(:,2))         %输出两个分量的图形
4     legend('Q1','Q2')
5     grid on
6 end
7 function Qdot=F(t,Q)
8     Qdot=[Q(2);-Q(1)^2/3];          %使用的是列向量的形式
9 end
```

无论用哪一种方式，变量 t，Q 的顺序不能改变，t 必须是第一个变量，即使它没有显式地出现在方程中，这是为了配合 ode45 指令内部程序的运行。函数 Q 是个矢量，其中的各个分量的顺序在所有出现的地方都相同，例如作为初始条件输入 Q0 时，各个分量的顺序也与它相同。

指令 ode45 不仅可以解单个待求函数的常微分方程，也可以解多个待求函数的常微分方程组，求解过程与 6.3 节中程序 rk4s 解题过程基本类似，下面就是这样一个例子。

例 6.7 求解受空气阻力影响下的抛体运动。设被抛物体质量为 m，初速度为 $\boldsymbol{v}_0$，所受空气阻力的大小与速率 v 的二次方成正比，阻尼系数为 0.2，即空气阻力的大小为 $0.2v^2$。

解 以抛出点为原点 O 建立直角坐标系 xOy，Ox 沿水平方向，Oy 竖直向上。物体受重力和空气阻力作用，运动微分方程可表示为

$$m\frac{\mathrm{d}^2\boldsymbol{r}}{\mathrm{d}t^2}=-m\boldsymbol{g}-0.2|v|\boldsymbol{v}$$

令 $Q(1)=x$，$Q(2)=\mathrm{d}x/\mathrm{d}t$，$Q(3)=y$，$Q(4)=\mathrm{d}y/\mathrm{d}t$，将方程写成一阶微分方程组

$$\begin{cases}\dfrac{\mathrm{d}Q(1)}{\mathrm{d}t}=Q(2),\\[2mm]\dfrac{\mathrm{d}Q(2)}{\mathrm{d}t}=-\dfrac{0.2}{m}[Q(2)^2+Q(4)^2]^{1/2}Q(2),\\[2mm]\dfrac{\mathrm{d}Q(3)}{\mathrm{d}t}=Q(4),\\[2mm]\dfrac{\mathrm{d}Q(4)}{\mathrm{d}t}=-g-\dfrac{0.2}{m}[Q(2)^2+Q(4)^2]^{1/2}Q(4)\end{cases}$$

再用指令 ode45 解常微分方程，具体程序如下：

```
function f2020112101
    [t,Q]=ode45(@fun,[0:0.01:10],[0;20;0;15]);
    subplot(1,2,1)
    plot(Q(:,1),Q(:,3));        %物体的空间轨迹
    axis([0 10 0 3.5]);
    xlabel('x');ylabel('y');
    grid on;
    box on;
    subplot(1,2,2)
    plot(t,Q(:,2))              %水平速度随时间变化关系
    axis([0 6 0 20]);
    xlabel('t');ylabel('dx/dt')
    grid on;
    box on;
end
%-----------------------------------
function Qdot=fun(t,Q)    %要解的常微分方程
    m=1;b=0.2;    %m: 质量; b: 阻尼系数
    Qdot=[Q(2);
          -b/m*Q(2)*sqrt(Q(2).^2+Q(4).^2);
          Q(4);
          -9.8-b/m*Q(4)*sqrt(Q(2).^2+Q(4).^2)];
end
```

输出图形如图 6.7 所示，其中，图 6.7(a) 展示了物体的空间轨迹，图 6.7(b) 展示了水平速度随时间变化关系。

2. 设置解方程的条件与要求

在上述例子中我们使用指令中默认的条件来解方程，事实上，这些条件是可以根据用户的要求来改变的。例如调整解方程的误差精度：

```
F=@(t,Q)[Q(2);-Q(1)^2/3]
options=odeset('AbsTol', le-5)
[t,Q]=ode45(F,[0,3],[0,2],options)
```

其中，指令 odeset 用来建立或改变解方程的条件，更多参数设置可查询 MATLAB 帮助系统。

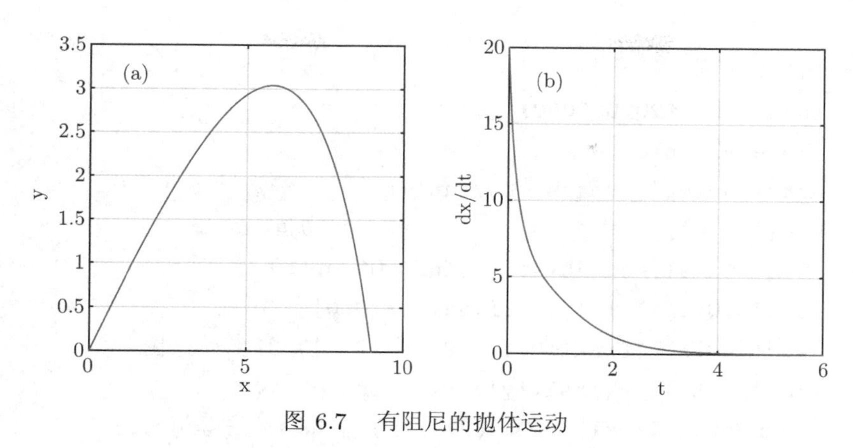

图 6.7 有阻尼的抛体运动

(a) 物体的空间轨迹, (b) 水平速度随时间变化关系

在指令 ode45 的优化选项中，事件参数‘events’可以对近似数值解进行实时监测，并根据物理问题的具体要求，随时中断求解过程。对于求解区间不确定的物理问题，事件参数‘events’是非常实用的，例如小球落地以后弹跳问题，就不能事先确定小球到达地面的时间。其语句格式如下：

```
options=odeset('events',@fun)
[T,Q,TE,QE,IE]=ode45(odefun,tspan,Q0,options)
```

其含义为：

fun	事件函数
TE	事件触发时的自变量取值
QE	事件触发时的数值解取值
IE	事件触发时的事件编号（设置多个事件时有用）

下面先通过一个简单的例子，熟悉事件参数‘events’设置过程，然后再利用事件参数‘events’研究小球落地弹跳问题。

例 6.8 物体由静止开始下落，下落过程中物体受到重力和空气阻力，求物体落地时间。已知：物体质量为 1；所受空气阻力的大小与速率的二次方成正比，阻尼系数为 1；重力加速度为 9.8，下落起始高度为 10。

解 物体下落过程的物理模型为

$$\begin{cases}\ddot{y}=-9.8+\dot{y}^2,\\ y|_{t=0}=10,\ \ \dot{y}|_{t=0}=0\end{cases}$$

落地时间就是 $y(t)=0$ 时 t 的值。完整的程序如下：

```
%事件例题
function  f2020100601
close all;clc;
opts=odeset('events',@event1);       %启动事件函数
Q0=[10; 0];                          %初值
[t,Q,tfinal]=ode45(@f,[0,Inf],Q0,opts);
plot(t,Q(:,1),'-',[0 tfinal],[10 0], 'o')
axis([-0.1  tfinal+0.1  -0.5  10.1]) %坐标范围
xlabel('t'); ylabel('y');grid on
b=num2str(tfinal) %将数值变成字符用以标注落地时间
text(2.5,0,['tfinal=',b])
end
% ------------------------------------------------------------------
function Qdot=f(t,Q)
   Qdot=[Q(2);-9.8+Q(2)^2];
end
% ------------------------------------------------------------------
function [value, isterminal, direction]=event1(t,Q)
value=Q(1);
isterminal=1;
direction=[ ];
end
```

运行结果输出的落地时间为 3.4158，程序输出图形如图 6.8 所示。

程序中，指令 ode45 的优化选项结构数组用 odeset 来设置，事件函数 event1 可以监测 $y(t) = 0$ 发生的时间，同时控制积分是否中断。事件参数‘events’的值是函数 event1 输出的三个元素。函数文件 event1 输出的第一个元素 value 表示判断事件发生的变量，也就是该变量为 0 时事件发生，此处判断事件发生的变量是高度，Q 的两个分量分别是高度和速度，所以取 value=Q(1)。函数文件 event1 输出的第二个元素 isterminal，取 1 表示一旦 value 为 0，就中断积分，如取 0 则不中断积分。函数文件 event1 输出的第三个元素 direction 表示该变量变化的方向，当 direction 取 1 表示判断事件的变量从负值增加到 0，取 -1 则从正值减小到 0，取 0 则不考虑方向，而 direction 不取任何值表示不必考虑变化方向。

下面来看一个更加复杂的例子：小球落地弹跳问题。

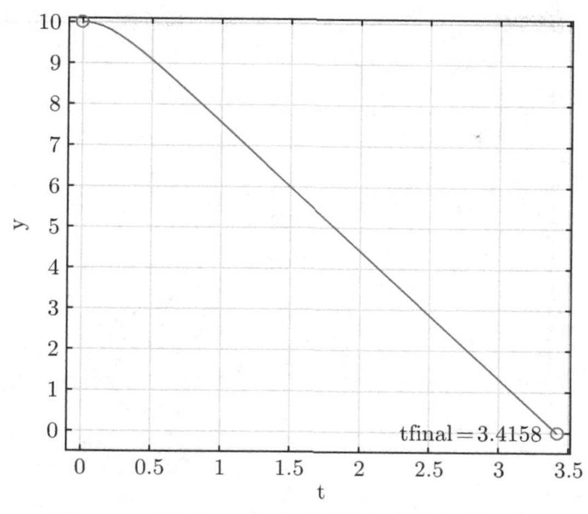

图 6.8 用‘events’计算小球落地的时间

例 6.9 小球落地弹跳逐渐衰减的过程中，小球以某个初速度从地面跳起，落地后发生非弹性碰撞，速度减至原来的 90%，计算 10 次弹跳的过程中高度随时间的变化关系。程序如下，画出图形如图 6.9 所示。

```
1  function f2018121301ballode      %ballode.m 的精简版本
2  tstart = 0;tfinal = Inf;Q0 = [0; 20];
3  f=@(t,Q)[Q(2);-9.8];
4  options = odeset('Events',@events,'MaxStep',0.1);
5  hold on;
6  for i = 1:10
7    [t,Q,te,Qe]=ode45(f,[tstart tfinal],Q0,options);
8    plot(t,Q(:,1),'b-')
9    Q0(1)=0;Q0(2)=-0.9*Qe(2);tstart=te;
10 end
11 xlabel('time');ylabel('height');grid on;box on;
12 plot([0,30],[0,0],'r-')
13 end
14 % ------------------------------------------
15 function [value,isterminal,direction] = events(t,Q)
16 value = Q(1);  isterminal = 1; direction = -1;
17 end
```

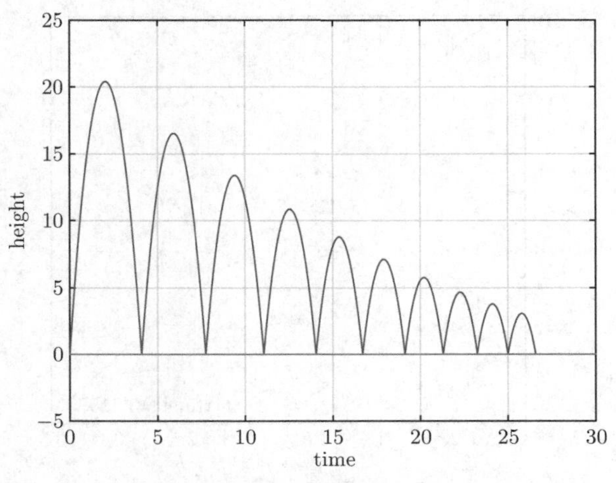

图 6.9　小球在地面的弹跳运动

在这个程序中，Q 的两个分量分别是高度和速度，判断事件的变量是高度，即子函数文件中取 value = Q(1)，程序中的设置是当高度由正值减小到 0 时，积分终止，即 isterminal = 1, direction = −1，这时就完成一次落地的计算，然后在主程序中重新给出新的初始条件，即考虑非弹性碰撞后开始新的一次弹跳。

习题 6.5　物体由静止开始下落，下落过程中物体受到重力和空气阻力，求物体落地时间。已知：物体质量为 1；所受空气阻力的大小与速率成正比，阻尼系数为 0.2；重力加速度为 9.8，下落起始高度为 100。

习题 6.6　物体由静止开始下落，下落起始高度为 10，下落过程中物体受到重力和空气阻力，当落到 5 的高度时，受到障碍物阻挡速度下降了 80%，求落地时的时间与速度。已知：物体质量为 1；所受空气阻力的大小与速率的平方成正比，阻尼系数为 1；重力加速度为 9.8。

6.5　行星绕太阳的运动

作为一个数值求解常微分方程的例子，本节来详细地研究力学中行星绕太阳的运动，其物理模型是：质点在平方反比引力场中的运动。下面我们分别在直角坐标系和极坐标下，研究行星能量和行星角动量对运动轨迹的影响。

6.5.1　直角坐标系

1. 行星能量对运动轨迹的影响

下面考虑当行星总能量大于零、等于零和小于零三种情况下，行星在平方反比引力场中的运动轨迹。建立直角坐标系并对行星进行受力分析 (图 6.10)，质量

为 m_0 的太阳位于力心且固定不动，质量为 m 的行星在太阳产生的引力场中运动，当行星与太阳相距 r 时，行星所受万有引力为

$$F = G\frac{m_0 m}{r^2} \tag{6.12}$$

其中，G 为引力常量，这就是该运动的具体近似物理模型。行星运动的总能量为

$$E = \frac{1}{2}mv^2 - \frac{Gm_0 m}{r} \tag{6.13}$$

其中，行星的速度 v 可表示为

$$v = \sqrt{\frac{2}{m}\left(E + \frac{Gm_0 m}{r}\right)} \tag{6.14}$$

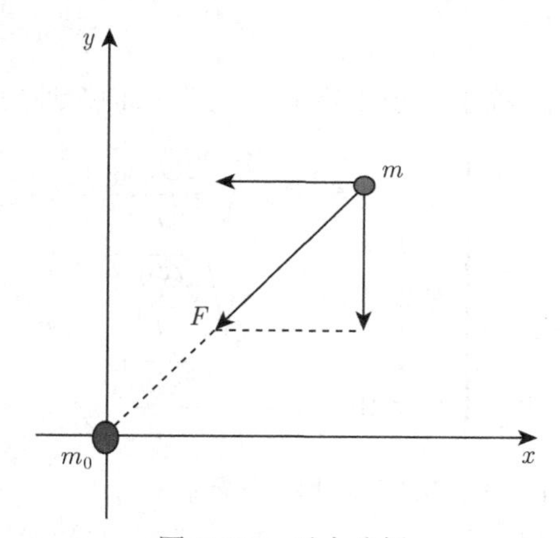

图 6.10 受力分析

在直角坐标系中，由式 (6.12) 可得常微分方程：

$$\begin{cases} m\dfrac{\mathrm{d}x^2}{\mathrm{d}t^2} = -\dfrac{Gm_0 m}{(\sqrt{x^2+y^2})^2} \cdot \dfrac{x}{\sqrt{x^2+y^2}}, \\ m\dfrac{\mathrm{d}y^2}{\mathrm{d}t^2} = -\dfrac{Gm_0 m}{(\sqrt{x^2+y^2})^2} \cdot \dfrac{y}{\sqrt{x^2+y^2}} \end{cases} \tag{6.15}$$

将二阶的常微分方程组 (6.15) 转化为一阶的常微分方程组，设 $Q(1) = x, Q(2) = \mathrm{d}x/\mathrm{d}t, Q(3) = y, Q(4) = \mathrm{d}y/\mathrm{d}t$，则一阶常微分方程组的矩阵形式可表示为

$$\dot{\boldsymbol{Q}} = \begin{bmatrix} Q(2) \\ -Gm_0 \dfrac{Q(1)}{(\sqrt{Q(1)^2 + Q(3)^2})^3} \\ Q(4) \\ -Gm_0 \dfrac{Q(3)}{(\sqrt{Q(1)^2 + Q(3)^2})^3} \end{bmatrix} \tag{6.16}$$

根据上式，编写微分方程组的函数文件：

```
1  function Qdot=fun(t,Q)
2  G=1;M0=1;     %可根据实际需要进行调整
3  Qdot=[Q(2);
4          -G*M0*Q(1)/sqrt(Q(1)^2+Q(3)^2)/(Q(1)^2+Q(3)^2);
5          Q(4);
6          -G*M0*Q(3)/sqrt(Q(1)^2+Q(3)^2)/(Q(1)^2+Q(3)^2)];
7  end
```

当行星总能量大于、等于和小于零时，对应三种初速度：

$$\begin{cases} E > 0 \Leftrightarrow v > \sqrt{\dfrac{2Gm_0}{r}}, \\ E = 0 \Leftrightarrow v = \sqrt{\dfrac{2Gm_0}{r}}, \\ E < 0 \Leftrightarrow v < \sqrt{\dfrac{2Gm_0}{r}} \end{cases} \tag{6.17}$$

上式用于微分方程初值问题中初始条件的设置。

设行星运动的初始位置为 $x = 1, y = 0$；x 方向的初速度为零；y 方向的初速度分四种情况：$[2, 1, 0.97, 0.94]\sqrt{2Gm_0/r}$。根据 (6.17)，四个初速度中，第一个初速度对应 $E > 0$，第二个初速度对应 $E = 0$，后两个初速度对应 $E < 0$。为了计算方便，不妨设 $G = 1$, m_0=1。计算程序如下：

```
1  close all;clc; clear all;
2  G=1;M0=1;
3  b=[2,1,0.97,0.94];
4  for i=1:4
5      [t,Q]=ode45(@fun,[0 280],[1,0,0,b(i)*sqrt(2*G*M0)]);
6      plot(Q(:,1),Q(:,3));
```

```
7       hold on;
8   end
9   plot(0,0,'ro')
10  xlabel('x');ylabel('y');
11  grid on;axis equal;box on;
12  set(gca,'xlim',[-20 4],'ylim',[-6 18])
13  %------------------------------------
14  function Qdot=fun(t,Q)
15  (同上)
16  end
```

程序输出了四种初速度下行星的运行轨迹，如图 6.11 所示。

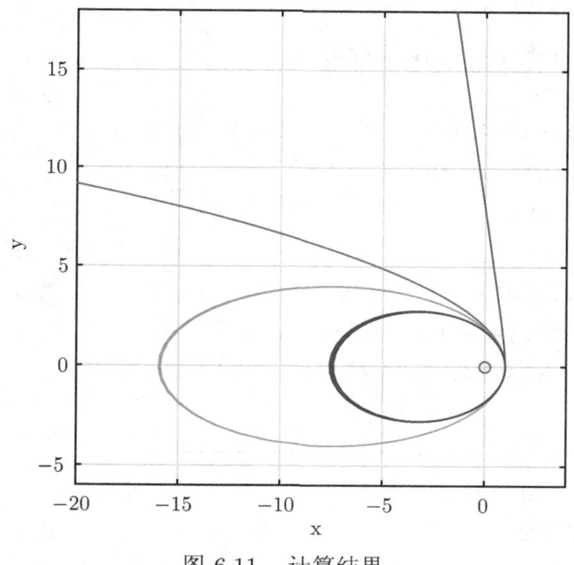

图 6.11 计算结果

2. 行星角动量对运动轨迹的影响

下面介绍随角动量的不同，行星在太阳平方反比引力场中的运动轨迹。先来看一个特例，行星做匀速圆周运动时，其受力为

$$G\frac{m_0 m}{r^2}=\frac{mv^2}{r} \tag{6.18}$$

由式 (6.13) 和式 (6.18) 可知：行星做匀速圆周运动的半径为 $-Gm_0m/(2E)$。为了计算方便，不妨设 $G=1, m=1, m_0=1$。同时，设行星总能量 $E=-1$，行

星运动的三个不同初始位置为

$$[0.5, 0],\ [0.25, 0],\ [0.15, 0]$$

在能量确定的条件下对应三种不同角动量。根据上面的分析，不难看出初始位置 [0.5, 0] 对应行星做匀速圆周运动。由于行星依然只受到平方反比引力场作用，所以上一部分的微分方程子程序依然适用。在编写程序时，为了主程序和子程序共享变量，采用了指令 global，具体程序如下：

```
1  function f2020100502
2  close all;clc;
3  global G M0
4  G=1;M=1;M0=1;E=-1;a=-G*M*M0/2/E;
5  r0=[a,0.25,0.15];
6  v0=sqrt(2*E/M+2*G*M0./r0);
7  for k=1:3
8      [t,Q]=ode45(@fun,[0:0.001:3],[r0(k),0,0,v0(k)]);
9      plot(Q(:,1),Q(:,3));
10     hold on;
11 end
12 plot(0,0,'ro')
13 xlabel('x');ylabel('y');
14 grid on;axis equal;box on;
15 end
16 %-------------------------------------
17 function Qdot=fun(t,Q)
18 global G M0
19 Qdot=[Q(2);
20       -G*M0*Q(1)/sqrt(Q(1)^2+Q(3)^2)/(Q(1)^2+Q(3)^2);
21       Q(4);
22       -G*M0*Q(3)/sqrt(Q(1)^2+Q(3)^2)/(Q(1)^2+Q(3)^2)];
23 end
```

程序输出了三种角动量下行星的运行轨迹，如图 6.12 所示。

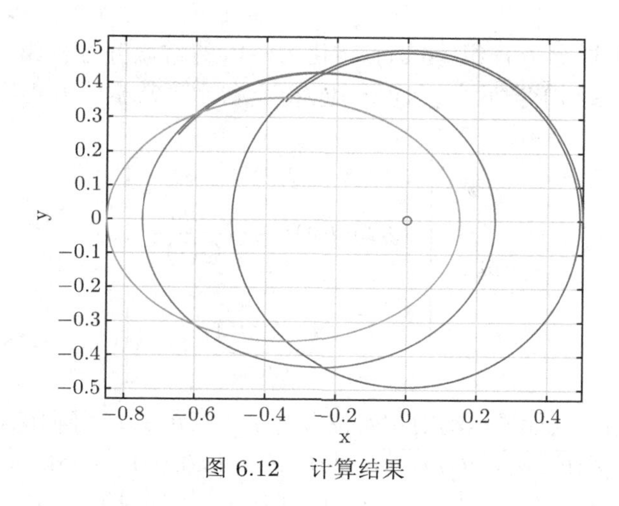

图 6.12 计算结果

6.5.2 极坐标系

下面在极坐标系下，再次处理行星的总能量和角动量对运动轨迹的影响。通过坐标系的转换，进一步熟悉常微分方程数值求解的一般步骤。

根据力学的知识，极坐标系下，径向加速度为

$$a_r = \ddot{r} - r\dot{\theta}^2 \tag{6.19}$$

切向 (垂直于向心力的方向) 加速度为

$$a_\theta = r\ddot{\theta} + 2\dot{r}\dot{\theta} \tag{6.20}$$

行星在径向受到万有引力，在切向不受力，把式 (6.19) 和式 (6.20) 整理成常微分方程的一般形式

$$\begin{cases} \ddot{r} = r\dot{\theta}^2 - G\dfrac{m_0}{r^2}, \\ \ddot{\theta} = -2\dot{r}\dot{\theta}/r \end{cases} \tag{6.21}$$

当行星做匀速圆周运动时，有

$$\begin{cases} \ddot{r} = r\dot{\theta}^2 - G\dfrac{m_0}{r^2} = 0, \\ \dot{\theta} = \dfrac{v}{r}, \\ E = \dfrac{1}{2}mv^2 - \dfrac{Gm_0 m}{r} \end{cases} \tag{6.22}$$

可得匀速圆周运动的运动半径为 $r = -Gm_0m/(2E)$，与直角坐标系下的情况一致。

将二阶的常微分方程组 (6.21) 转化为一阶的常微分方程组，设 $Q(1) = r$，$Q(2) = \mathrm{d}r/\mathrm{d}t$，$Q(3) = \theta$，$Q(4) = \mathrm{d}\theta/\mathrm{d}t$，则一阶常微分方程组的矩阵形式可表示为

$$\dot{Q} = \begin{bmatrix} Q(2) \\ Q(1)Q(4)^2 - G\dfrac{m_0}{Q(1)^2} \\ Q(4) \\ -2\dfrac{Q(2)Q(4)}{Q(1)} \end{bmatrix} \tag{6.23}$$

在极坐标系，设行星运动的初始位置为 $r = 1, \theta = 0$；径向的初速度为零；切向的初速度为 $\sqrt{2E/m + 2Gm_0/r}$，其中 $E = [3.0, 0.0, -0.06, -0.12]$，对应总能量大于、等于和小于零三种情况。为了计算方便，不妨设 $G = 1$, m_0=1, m=1。计算行星能量对运动轨迹的影响，程序如下：

```
1  function f2020100503
2  global G M0
3  G=1;M0=1;r0=1;M=1;
4  E=[3.0,0.0, -0.06,-0.12];
5  v0=sqrt(2*E/M+2*G*M0/r0);
6  grid on;axis equal;box on;hold on
7      for k=1:4
8          [t,Q]=ode45(@fun,[0:0.01:280],[r0,0,0,v0(k)/r0]);
9          [x,y]=pol2cart(Q(:,3),Q(:,1));
10                 %[X,Y] = pol2cart(THETA,RHO)
11         plot(x,y);
12     end
13     plot(0,0,'r.','MarkerSize',30)
14     xlabel('x');ylabel('y');
15     set(gca,'xlim',[-20 4],'ylim',[-6 18])
16 end
17 %-------------------------------------
18 function Qdot=fun(t,Q)
19 global G M0
```

```
20  Qdot=[Q(2);Q(1)*Q(4)^2-G*M0/(Q(1)^2);Q(4);-2*Q(2)*Q(4)/Q(1)];
21  end
```

程序输出了四种初速度下行星的运行轨迹，如图 6.13 所示。

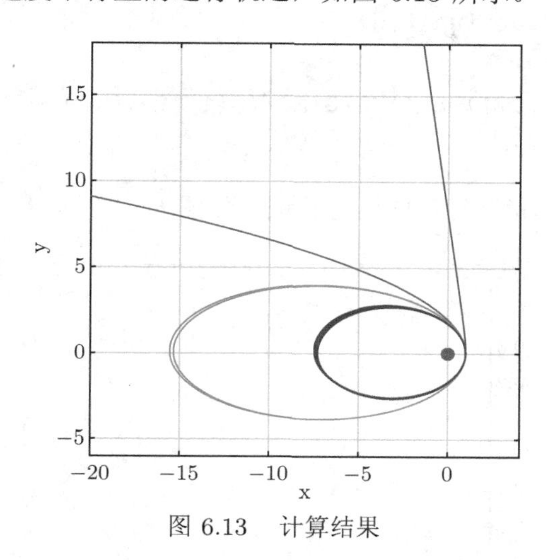

图 6.13　计算结果

在极坐标系，设行星总能量 $E=-1$，行星运动的三个不同初始位置为

$$[0.5,0],\ [0.25,0],\ [0.15,0]$$

在能量确定的条件下对应三种不同角动量。为了计算方便，不妨设 $G=1, m=1$, $m_0=1$。计算行星角动量对运动轨迹的影响，程序如下：

```
1   function f2020100504
2   close all;clc;
3   global G M0
4   G=1;M0=1;M=1;E=-1;a=-G*M0*M/2/E;
5   r0=[a,0.25,0.15];
6   v0=sqrt(2*E/M+2*G*M0./r0);
7   box on;grid on;hold on;axis equal
8   xlabel('x');ylabel('y');
9   for k=1:3
10      [t,Q]=ode45(@fun,[0:0.001:3],[r0(k),0,0,v0(k)/r0(k)]);
11      [x,y]=pol2cart(Q(:,3),Q(:,1));
12      plot(x,y,0,0,'r.','MarkerSize',30);
```

```
13 end
14 end
15 %---------------------------------------
16 function Qdot=fun(t,Q)
17 global G M0
18 Qdot=[Q(2);Q(1)*Q(4)^2-G*M0/(Q(1)^2);Q(4);-2*Q(2)*Q(4)/Q(1)];
19 end
```

程序输出了三种角动量下行星的运行轨迹，如图 6.14 所示。

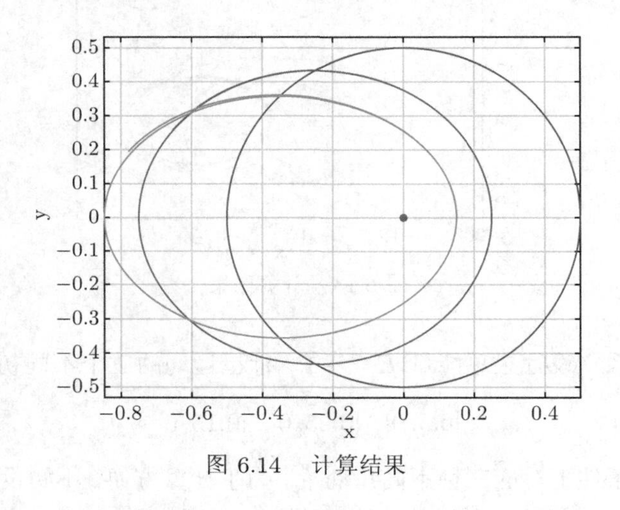

图 6.14　计算结果

6.6　边值问题和打靶法

二阶常微分方程的边值问题可以表示成

$$\begin{cases}\dfrac{\mathrm{d}^2y}{\mathrm{d}x^2}=f(x,y,\dot{y}), \quad a\leqslant x\leqslant b,\\ y(x_1)=y_1, \quad y(x_2)=y_2\end{cases}\tag{6.24}$$

求解边值问题的基本思想是把边值问题转化为初值问题。边值问题通常是在两个边界上各有一个边界条件，如果在同一个边界上有两个边界条件，就可以把问题作为初值问题来解。打靶法 (shooting method) 是把边值问题化为初值问题的常用基本方法，顾名思义，该方法有两个关键：猜测和逼近，具体操作步骤如下。在任一边界上补充一个猜测的边界条件，按照初值问题来解方程，所得的解通常不会满足另一端的边界条件，需要改变猜测的边界条件，重新解方程，直到找出解为止，这里的关键是，**如何去改变猜测的边界条件，达到逐步逼近正确解的目的**。作为边值问题的具体实例，下面考虑一个燃放烟花的例子。

例 6.10 在地面点燃烟花，为了发射 5s 后在距离地面 50m 处爆炸，初始的发射速度应该是多少？已知空气阻力与速率成正比，阻尼系数为 $b=0.02$，烟花质量 $m=1$。

解 以地面为参考系，以点燃烟花的地点为坐标原点，建立坐标轴 Oy，方向竖直向上。烟花的动力学方程为

$$m\frac{\mathrm{d}^2y}{\mathrm{d}t^2}=-mg-b\frac{\mathrm{d}y}{\mathrm{d}t}$$

采用打靶法将边值问题转化为初值问题

$$\begin{cases}\dfrac{\mathrm{d}^2y}{\mathrm{d}t^2}=-g-\dfrac{b}{m}\dfrac{\mathrm{d}y}{\mathrm{d}t},\\ y|_{t=0}=0,\quad \left.\dfrac{\mathrm{d}y}{\mathrm{d}t}\right|_{t=0}=k\end{cases}$$

其中 k 是猜测的初始速度。设 $\boldsymbol{Q}(1)=y,\boldsymbol{Q}(2)=\dfrac{\mathrm{d}y}{\mathrm{d}t}$，则上述方程可化为一阶微分方程组，其矩阵形式可表示为

$$\dot{\boldsymbol{Q}}=\begin{bmatrix}\boldsymbol{Q}(2)\\ -g-\dfrac{b}{m}\boldsymbol{Q}(2)\end{bmatrix} \tag{6.25}$$

数值计算程序如下：

```
1  %f2020120401.m
2  clear all;close all;clc;
3  m=1; b=0.02;
4  fun=@(x,Q)[Q(2);-9.8-b/m*Q(2)];%常微分方程的函数
5  k=0.0;dk=0.1;dy=0;     %这三个设置很关键
6  while abs(dy-50)>1e-8
7      [t,Q]=ode45(fun,[0,5],[0,k]);
8      dy=Q(end,1);
9            if (dy-50)>0
10               k=k-dk; dk=dk/2; %对分法
11           end
12     k=k+dk;
```

```
13  end
14  plot(t,Q(:,1),'r-o','LineWidth',2)
15  text(1.5,10,['k 的初始值为: ',num2str(k),' 米/秒'],...
16      'fontsize',14)
17  xlabel('t(秒)','fontsize',14);
18  ylabel('y(米)','fontsize',14);
19  grid on
```

在上述程序中，为了满足另一端的边界条件，即 $y(5)-50=0$ ，就是前面章节讨论过的求根问题，因此采用了对分法来做，以达到逐步逼近正确解的目的。计算结果如图 6.15 所示，可以看出：初始速度过大或过小，都不能在预定的时间和地点爆炸。

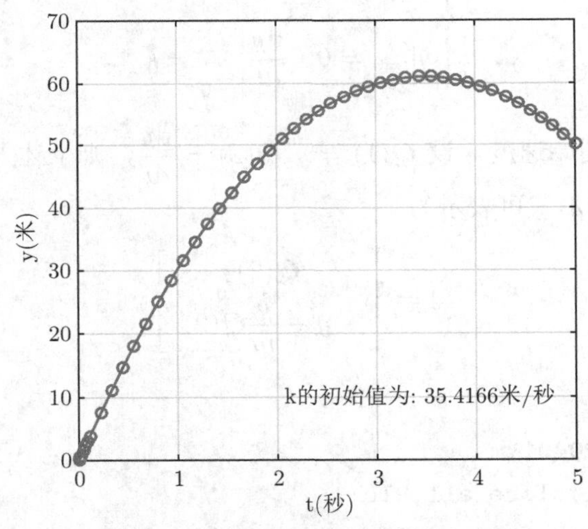

图 6.15 打靶法求解烟花爆炸问题

下面再看一个用打靶法求解静电势分布的例子，其中方程的边界条件不是显而易见的，需要根据物理知识找出边界条件。

例 6.11 求解电荷分布

$$\rho(r)=\frac{1}{8\pi}\mathrm{e}^{-r} \tag{6.26}$$

在空间产生的静电势 Φ。

解 静电势 Φ 满足泊松方程

$$\nabla^2\Phi=-4\pi\rho \tag{6.27}$$

由 ρ 和 $\varPhi$ 的球对称性，方程 (6.27) 简化为

$$\frac{1}{r^2}\frac{\mathrm{d}}{\mathrm{d}r}\left[r^2\frac{\mathrm{d}\varPhi}{\mathrm{d}r}\right] = -4\pi\rho \tag{6.28}$$

通过下面的代换

$$\varPhi(r) = r^{-1}\phi(r) \tag{6.29}$$

方程 (6.28) 可简化为

$$\frac{\mathrm{d}^2\phi}{\mathrm{d}r^2} = -4\pi r\rho \tag{6.30}$$

将式 (6.26) 代入方程 (6.30) 得

$$\frac{\mathrm{d}^2\phi}{\mathrm{d}r^2} = -0.5r\mathrm{e}^{-r} \tag{6.31}$$

方程的边界条件不是显而易见的，下面根据物理知识找出边界条件。

上述电荷分布的总电荷是

$$Q = \int_V \rho(r)\mathrm{d}V = \int_0^\infty \rho(r)4\pi r^2\mathrm{d}r = 1 \tag{6.32}$$

定性地分析静电势 $\varPhi = r^{-1}\phi$，可知当 $r \to 0$ 时，$\varPhi \to$ 常数，所以 $\phi \to 0$；当 r 足够大时，$\varPhi \to r^{-1}$，即单位电荷产生的库仑势，所以 $\phi \to 1$，这就是 ϕ 满足的边界条件。

这个问题的解析解是

$$\phi(r) = 1 - \frac{1}{2}(r+2)\mathrm{e}^{-r} \tag{6.33}$$

后面可以将所得数值解和这个解析解进行比较。

打靶法程序如下：

```
1  %f2018120401.m
2  clear all;close all;clc;
3  r=0:1:15;
4  exact=1-0.5*(r+2).*exp(-r); %精确解
5  fun=@(r1,Q)[Q(2);-0.5*r1.*exp(-r1)]; %微分方程
6  k=0.0;dk=0.1;dy=0;     %这三个设置很关键
7  while abs(dy-1)>1e-8
8       [r1,Q]=ode45(fun,r,[0,k]);
```

```
 9      dy=Q(end,1);
10          if (dy-1)>0
11              k=k-dk; dk=dk/2; %对分法
12          end
13       k=k+dk;
14   end
15   disp(['k 的初始值为: ',num2str(k)])
16   plot(r1,Q(:,1),'ro', r,exact,'b-','LineWidth',2)
17   legend(' 打靶法数值解',' 精确解');
18   xlabel('r','fontsize',16);
19   ylabel('\phi','fontsize',16);
20   set(gca,'xlim',[0 15],'ylim',[0 1.2])
21   grid on
```

计算结果如图 6.16 所示，可以看出打靶法数值解曲线和解析解曲线符合得很好。

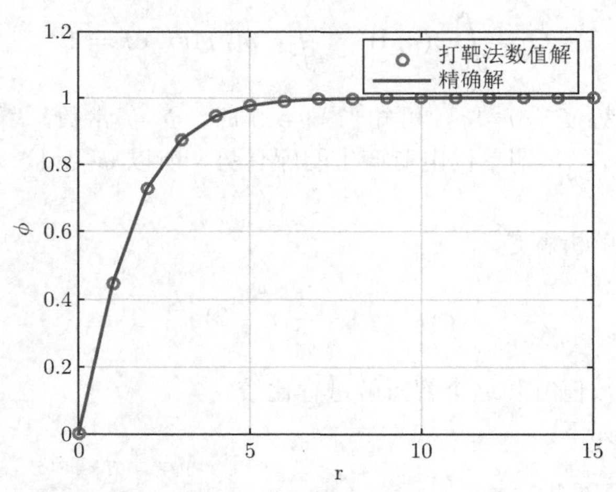

图 6.16　打靶法数值解曲线与解析解曲线

6.7　本征值方程

对于某些方程中含有参数的边值问题，只有当参数取某些特定值时，方程才有解，这种方程称为本征值方程。打靶法解本征值问题的做法是：先尝试一个本征值，然后将微分方程作为普通边值问题求解。如果所得的数值解不满足边界条件 (下面会看到，不满足边界条件对应方程没有解)，就重新尝试本征值，再解方程，重复这个过程，直到能找到一个本征值。找到一个本征值的标准是：在这个本征值下生成的解和边界条件的误差小于预定的容差。本节通过两个例子来了解如何运用打靶法求解本征值方程。

首先来看一个用打靶法求解弦振动方程的例子。

例 6.12 试用数值打靶法求解弦振动问题。沿 x 轴设置一根密度均匀的绷紧的弦，两端分别固定于 $x=0$ 和 $x=1$，描述弦振动的本征值方程为

$$\begin{cases}\dfrac{\mathrm{d}^2\varphi}{\mathrm{d}x^2}=-k^2\varphi,\\ \varphi|_{x=0}=0,\varphi|_{x=1}=0\end{cases}\tag{6.34}$$

其中，φ 是弦的横向位移，k 是本征值。由数学物理方法的知识可知，若 $k=n\pi,n=1,2,\cdots$，则有解析解

$$\varphi_n=C\sin(n\pi x)\quad (C\text{是任意常数})$$

得到数值解后，可将数值解与解析解进行比较。

解 数值打靶法的思路是：① 由 0 开始逐渐增加 k 值；② 对于某一个 k 值(此时是猜测本征值)，本征值方程 (6.34) 转化为边值问题；③ 边值问题又可转化为初值问题

$$\begin{cases}\dfrac{\mathrm{d}^2\varphi}{\mathrm{d}x^2}=-k^2\varphi,\\ \varphi|_{x=0}=0,\dot{\varphi}|_{x=0}=t\end{cases}\tag{6.35}$$

其中，t 可以任意选取，这是因为方程 (6.35) 是一个齐次方程，并且物理上对解的归一化没有要求，即 φ 和 $t\varphi$ 都是方程的解；④ 对于初值问题 (6.35)，数值解一般无法满足 $\varphi|_{x=1}=0$，这是因为猜测本征值一般并不是一个真正的本征值，于是需要重新调整，重复这个过程，直到在规定的容差内找到 $\varphi|_{x=1}=0$ 为止，这样就找到了一个本征值和对应的本征函数。具体程序如下：

```
1  %f2015010702.m
2  k=0;tol=1e-8;
3  fun=@(x,phi,k)[phi(2);-k^2*phi(1)];
4  for n=1:6
5      dk=1/15;
6      k=k+dk;
7      [x,phi]=ode45(@(x,phi)fun(x,phi,k),[0,1],[0,1e-3]);
8      dphi=phi(end,1);
```

```
9       oldphi=dphi;
10      while abs(dphi)>tol
11          k=k+dk;
12          [x,phi]=ode45(@(x,phi)fun(x,phi,k),[0,1],[0,1e-3]);
13          dphi=phi(end,1);
14          if dphi*oldphi<0
15              k=k-dk; dk=dk/2; %对分法
16            end
17      end
18      subplot(2,3,n)
19      plot(x,phi(:,1),'Color','blue')
20      title(['k=',num2str(k)],'fontsize',15,'Color','r')
21  end
```

程序给出了 6 个本征值对应的本征函数图形 (图 6.17)。通过本征函数图形可以判断，数值解与解析解完全一致。

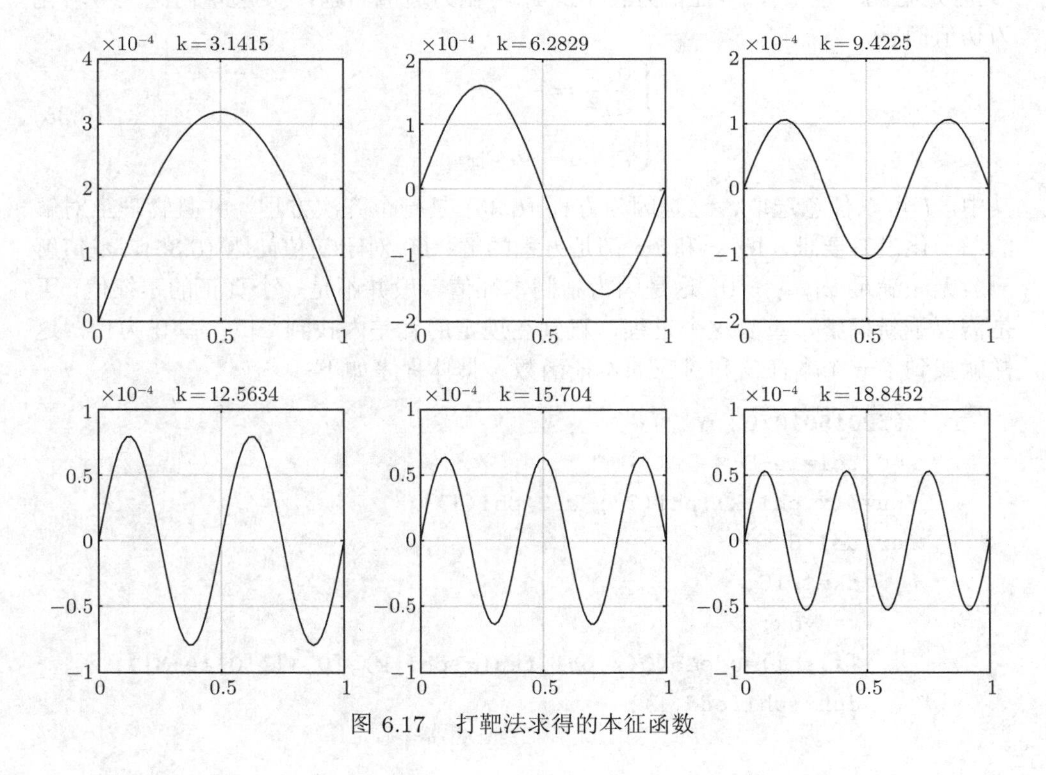

图 6.17　打靶法求得的本征函数

下面再看一个打靶法求解量子力学本征值问题的例子。

例 6.13 质量为 m 的粒子在一维抛物势 $V(x) = V_0\left[\left(\frac{x}{a}\right)^2 - 1\right]$ 中运动，其中，a 为玻尔半径，V_0 为 $x = a$ 处的势垒高度。势阱形状如图 6.18 所示。试用打靶法计算一维薛定谔方程的定态解。

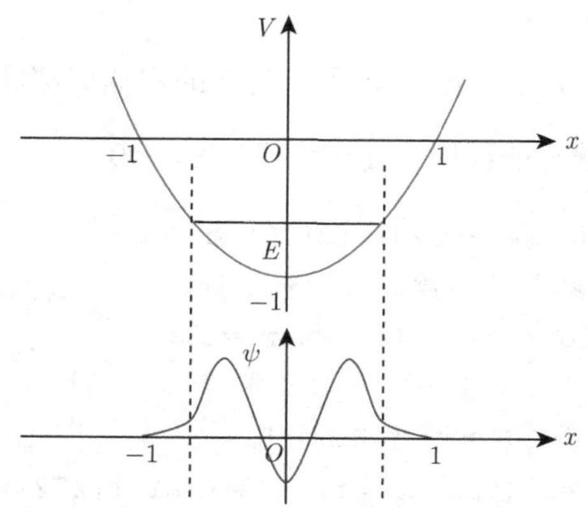

图 6.18 一维薛定谔方程的位势和波函数示意图

能量和长度分别被 V_0 和 a 重新标度

解 粒子的定态薛定谔方程为

$$\left[-\frac{\hbar^2}{2m}\frac{\mathrm{d}^2}{\mathrm{d}x^2} + V(x)\right]\psi(x) = E\psi(x)$$

或

$$\frac{\mathrm{d}^2}{\mathrm{d}x^2}\psi + \frac{2m}{\hbar^2}[E - V(x)]\psi = 0$$

令

$$k^2(x) = \frac{2m}{\hbar^2}[E - V(x)]$$

再结合图 6.18 显示的边界条件，可得本征值方程

$$\begin{cases} \dfrac{\mathrm{d}^2\psi}{\mathrm{d}x^2} + k^2(x)\psi(x) = 0, \\ \psi|_{x=-a} = 0, \psi|_{x=a} = 0 \end{cases} \tag{6.36}$$

此处，势阱内粒子的束缚态能量本征值为 E，由量子力学的知识，本征函数在经典物理学容许的区域 $E > V(x)$ 内，波函数是振荡的，在经典物理学禁戒的区域 $E < V(x)$ 内，波函数呈指数行为。

能量和长度分别被 V_0 和 a 重新标度后，本征值方程 (6.36) 整理为

$$\begin{cases}\left[-\dfrac{1}{\gamma^2}\dfrac{\mathrm{d}^2}{\mathrm{d}x^2}+\left(\dfrac{x^2}{a^2}-1\right)-\varepsilon\right]\psi(x)=0,\\ \psi|_{x=-1}=0,\psi|_{x=1}=0\end{cases} \tag{6.37}$$

其中 $\gamma=\left[\dfrac{2ma^2V_0}{\hbar^2}\right]^{1/2}$，$\varepsilon=E/V_0$，因此所有的本征值都满足 $\varepsilon>-1$。

下面是用打靶法编写的程序。在程序中，$\gamma=40$。

```
1  %f2021100801.m<---f2017121301.m
2  %初始斜率及容差等参数必须设置正确。
3  clear all;close all;clc; gamma=40;
4  eold=-1;    %从能量 -1 开始搜索
5  tol=1e-5;  %搜索判断标准的误差
6  fun=@(x,psi,e1)[psi(2);gamma^2*(-e1-1+x^2)*psi(1)];
7  for k=1:9
8     %----------获得初始 dpsi 和 e1--------------
9     de=abs(eold)/200;
10    e1=eold+de;
11    [x1,psi]=ode45(@(x,psi)fun(x,psi,e1),[-1 1],[0 1.0e-5]);
12    dpsi=psi(end,1);   olddpsi=dpsi;
13    while abs(dpsi)>tol
14        e1=e1+de;
15        [x1,psi]=ode45(@(x,psi)fun(x,psi,e1),[-1 1],...
16                      [0 1.0e-5]);
17        dpsi=psi(end,1);
18        if dpsi*olddpsi<0;
19           e1=e1-de; de=de/2; %对分法
20        end
21    end
22    %---------------------
23     eold=e1;    e(k)=eold;
24     subplot(3,3,k);plot(x1,psi(:,1),'k-')
25     set(gca,'yTick',[0],'yticklabel',[0])
```

```
26        grid on
27        title([' 第',num2str(k),' 个本征态'],'fontsize',9)
28    end
29    e
30    diff(e)
```

程序求得的九个能量最低的能级和能级间隔分别为：

```
e =
   -0.9750   -0.9250   -0.8750   -0.8250   -0.7750   -0.7250
   -0.6750   -0.6251   -0.5751
ans =
    0.0500    0.0500    0.0500    0.0500    0.0500    0.0500
    0.0500    0.0500
```

这些能级之间的能量间隔相等，这正是一维量子抛物势的基本性质，相应的波函数如图 6.19 所示。与弦振动问题不同的是，物理上对波函数数值解有归一化的要求。本程序没有对数值解进行归一化处理，通过波函数概率密度的数值积分很容易得到波函数的归一化常数。

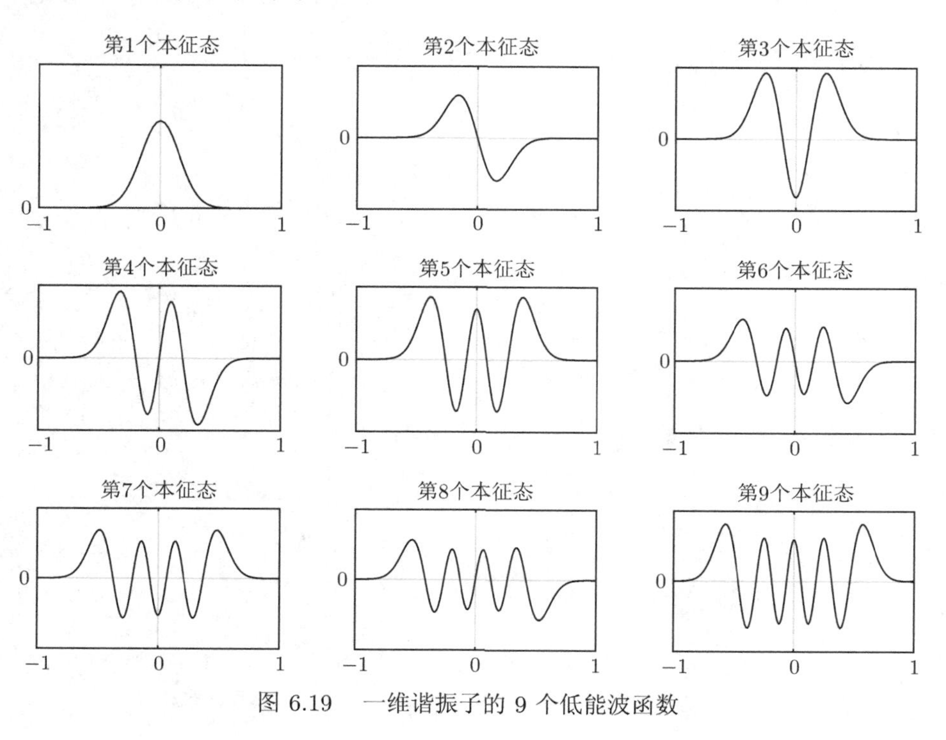

图 6.19 一维谐振子的 9 个低能波函数

参 考 文 献

[1] 彭芳麟. 计算物理基础 [M]. 北京：高等教育出版社，2010.

[2] 刘金远，段萍，鄂鹏. 计算物理学 [M]. 北京：科学出版社，2012.

[3] 张志涌，杨祖樱，等. MATLAB 教程 [M]. 北京：北京航空航天大学出版社，2015.

[4] 刘浩，韩晶. MATLAB R2014a 完全自学一本通 [M]. 北京：电子工业出版社，2015.

[5] 吕同富，康兆敏，方秀男. 数值计算方法 [M]. 2 版. 北京：清华大学出版社，2013.

[6] 张引科，昝会萍，凌亚文. 计算物理学基础 [M]. 西安：西北工业大学出版社，2015.

[7] 漆安慎，杜婵英. 普通物理学教程：力学 [M]. 2 版. 北京：高等教育出版社，2009.

[8] 陈希孺. 最小二乘法的历史回顾与现状 [J]. 中国科学院研究生院学报, 1998, 15(1): 4-11.